高等职业教育土木建筑大类专业系列规划教材

园林景观设计

孟宪民　刘桂玲　主编

 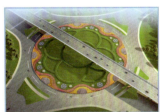  

清华大学出版社
北京

内 容 简 介

本书是按照"教学做一体"的职业教育教学理念编写的。以项目为基本单元，共 8 个项目，其中项目 1 和项目 2 为基础内容，项目 3 至项目 8 为实战内容。项目 1 的主要内容是园林景观设计的艺术法则和原理，项目 2 的主要内容是园林景观设计的步骤和工作内容，基础内容主要是为实战内容的学习做铺垫。项目 3 至项目 8 则是各类园林绿地的景观设计，包括城市广场、城市滨水绿地景观、城市道路绿地、居住区绿地、大学校园绿地、城市公园 6 种不同类型的绿地，且每个项目都配有优秀的园林景观设计案例。本书配套的二维码中安排了知识拓展的案例，能够帮助学生拓展思维、融会贯通，明确园林景观设计的步骤、方法、设计思维形成过程以及各个设计阶段完成的主要工作内容，为完成课后训练项目提供依据。

本书适用于高等职业院校园林专业、园林工程技术专业、景观设计专业，也可作为园林行业培训教材以及园林专业人士自学用书。

本书封面贴有清华大学出版社防伪标签，无标签者不得销售。
版权所有，侵权必究。举报：010-62782989，beiqinquan@tup.tsinghua.edu.cn。

图书在版编目（CIP）数据

园林景观设计 / 孟宪民，刘桂玲主编 . —北京：清华大学出版社，2020.1（2024.2 重印）
高等职业教育土木建筑大类专业系列规划教材
ISBN 978-7-302-54035-9

Ⅰ . ①园… Ⅱ . ①孟… ②刘… Ⅲ . ①景观设计 – 园林设计 – 高等职业教育 – 教材 Ⅳ . ① TU986.2

中国版本图书馆 CIP 数据核字（2019）第 247641 号

责任编辑：杜　晓
封面设计：刘艳芝
责任校对：赵琳爽
责任印制：丛怀宇

出版发行：清华大学出版社
网　　址：https://www.tup.com.cn，https://www.wqxuetang.com
地　　址：北京清华大学学研大厦 A 座
邮　　编：100084
社 总 机：010-83470000
邮　　购：010-62786544
投稿与读者服务：010-62776969，c-service@tup.tsinghua.edu.cn
质量反馈：010-62772015，zhiliang@tup.tsinghua.edu.cn
课件下载：https://www.tup.com.cn，010-83470410

印 装 者：北京博海升彩色印刷有限公司
经　　销：全国新华书店
开　　本：185mm×260mm
印　　张：13.75
字　　数：282 千字
版　　次：2020 年 1 月第 1 版
印　　次：2024 年 2 月第 3 次印刷
定　　价：69.00 元

产品编号：079240-01

前　言

近年来，园林景观学科在我国方兴未艾，全国各地都涌现园林景观设计的热潮。景观建设已经成为城镇建设的重要内容。城市居住区、城市公园、广场绿地、滨水景观等各种城市绿地及旅游休闲场所的建设日益受到重视。随着城市化水平不断提高，人们开始追求更高的生活质量和更好的居住环境，这为园林景观行业及从业者带来了难得的发展机遇，同时也对景观设计师提出了更高的要求。一个优秀的景观设计师需要懂得城市规划学、生态学、环境艺术学、建筑学、园林工程学、植物学以及人文心理学等方面的知识。本书的编写与出版，就是针对园林景观设计方面高职高专人才的培养以及对园林相关专业人才培训提供有力的支持。

本书有以下三个方面的特点。

（1）模拟景观设计师的工作情境，以"项目—任务"为主线，共设置8个项目和8个能力训练任务，以理论知识为先导，以能力培养为本位，注重理论与实践的结合。

（2）巩固训练分为分析类和设计类两种类型，目的是培养学生分析问题、解决问题和动手实践操作的能力，为学生今后从事园林景观设计工作打下坚实的基础。

（3）配有丰富的插图和案例，案例大多选自企业提供的优秀设计作品，可操作性强，易学实用，对景观设计师也有一定的参考价值。

本书的编写人员既有高校的教师和研究生，也有园林企业一线的景观设计师，同时黑龙江亦品景观规划设计有限公司、大连老撒园林环境设计有限公司为本书提供了大量优秀的景观设计案例。本书由孟宪民（辽宁生态工程职业学院）、刘桂玲（浙江建设技师学院）担任主编，张岩（黑龙江亦品景观规划设计有限公司）、于爽（大连新东昌置地有限公司）、赵鑫泉（辽宁金霖建设工程有限公司）担任副主编。本书的编写分工具体如下：项目1和项目2由刘桂玲、何嘉丽（浙江农林大学）、刘佳敏（浙江农林大学）编写；项目3和项目4由孟宪民编写；项目5由张岩和孟宪民编写；项目6和项目7由孟宪民编写；项目8由孟宪民和赵鑫泉编写。

由于编者的水平有限，书中不足之处在所难免，敬请广大读者批评指正。

编　者

2019年10月

目 录

1 园林景观设计构图　　001
1.1 园林景观设计的艺术法则 002
1.2 园林景观设计的艺术原理 018

2 园林景观方案设计　　028
2.1 园林设计的前提工作 029
2.2 总体设计方案阶段 032
2.3 局部详细设计阶段 041

3 城市广场景观设计　　057
3.1 城市广场的定义 058
3.2 现代城市广场的类型及特点 059
3.3 现代城市广场的基本特点 064
3.4 广场规划设计的基本原则 065
3.5 现代城市广场的空间设计 068
3.6 广场绿地设计的原则 069
3.7 城市广场绿地种植设计形式 070
3.8 城市广场树种选择的原则 072

4 城市滨水绿地景观设计　　081
4.1 滨水绿地景观的概念 082
4.2 分布位置 082
4.3 特点 083

4.4 滨水绿地景观设计的原则 083
4.5 滨水绿地景观在规划设计过程中应注意的问题 088

5 城市道路绿地景观设计　　099

5.1 城市道路绿地景观的类型 100
5.2 城市道路绿地的功能与作用 102
5.3 城市道路绿地景观的设计原则 106
5.4 城市道路绿地景观的构成要素 108
5.5 各类城市道路绿地景观设计 113

6 居住区园林绿地景观设计　　132

6.1 居住区组织结构模式 133
6.2 居住区绿地的组成及作用 134
6.3 居住区各类绿地设计 138

7 大学校园绿地景观设计　　165

7.1 校园绿化总体特点 166
7.2 大学校园绿地设计的原则 167
7.3 大学校园分区景点设计 168

8 城市公园景观设计　　184

8.1 综合性公园设计基础知识 186
8.2 公园规划设计的基本原则 188
8.3 综合性公园的主要活动内容与设施 188
8.4 综合性公园的总体规划 189

参考文献　　213

项目 1 园林景观设计构图

学习目标

【知识目标】

(1) 了解园林景观设计的艺术法则。
(2) 了解园林景观设计的艺术原理。
(3) 掌握园林景观设计的构图要点。

【技能目标】

(1) 能够通过设计构图的基本理论对项目进行具体分析。
(2) 能够应用设计构图的方法对项目进行具体设计和构图。
(3) 能够运用绘图的表现技法进行绘图表达。

工作任务

任务提出

如图 1-1 所示为台州市椒江区云西公园的基地现状图，图中红色的区域为规划设计区域。根据城市公园的设计要求及具体基地现状信息，结合园林景观设计的艺术法则和艺术原理，对该公园进行设计。

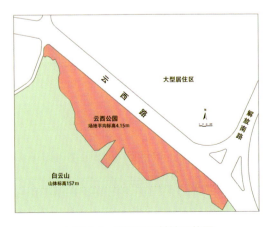

❖ 图 1-1 云西公园基地现状图

任务分析

在了解基地现状和设计需求的基础上,结合园林设计艺术原理和园林构成要素的知识,应用园林景观设计构图的技巧,并根据园林设计原则,对该绿地进行设计构思,最终完成对云西公园的设计。

任务要求

(1)了解委托方的要求,掌握该城市公园项目概况等基地信息。
(2)灵活运用园林设计的基本方法,构图新颖,布局合理。
(3)表达清晰,立意明确,图纸绘制规范。
(4)完成该公园绿地的现状分析图、设计平面图、局部效果图、整体鸟瞰图等相关图纸。

知 识 准 备

1.1 园林景观设计的艺术法则

1.1.1 形式美的基本要素

1)点

从概念上讲,点既无长度、宽度和深度,也无方向性,是静态的、集中的。一个点可以用来表示空间界定的一个位置、线条的两端、多条线的交点、视觉范围的中心。

点有它的存在感。当点处于一个环境中时,其稳定感很强,并能限定它所存在的范围。点从中心偏移,就会变得有动势,在其所处的范围内就会产生视觉上的争夺。点越小,点的感觉越强;点越大,则越有面积的感觉,点的感觉便会减弱。另外,圆形是点的特点,即使是大的圆点仍然会给人点的感觉。

点有视觉中心点和透视消失点两种。点作为焦点是空间环境中控制人的视线、引导人的视点的一种感应。点的排列会形成具有动感的线。点与点越接近越有凝聚感,稍分开则有关联感,分开越远越有离去感。点的特征是活泼、具有动感、视觉效果较强。如花港观鱼公园中的滨湖长廊,通过一点透视形成消失点,吸引人的视线并引导人流向前(见图1-2)。

2）线

点的移动轨迹产生了线。从概念上讲，一条线有长度，而无宽度和深度。线的运动在视觉上表达方向性。线在任何视觉图形中都有重要的位置，它可以用来表示连接、支撑、包围、交叉、描绘面的形态等，并能给面带来形态。

线是造型中最基本的要素，两点之间连接生成线，同时它是面的边缘，也是面与面的交界。长度和方向能决定线的特征。在景观艺术设计造型里，线的所有种类都可以反映在各部结合处。线的合理应用对景观艺术设计的质量将产生重要影响。如花港观鱼公园中藏山阁下的花境，带状花境曲折，其线形美不仅在视觉上具有强烈的动感，而且增添了园林中的自然趣味（见图1-3）。

❖ 图1-2 滨湖长廊

❖ 图1-3 藏山阁下的花镜

3）面

线通过复制与移动产生面。从概念上讲，一个面只有长度和宽度而没有深度。面的最大特征是可以辨认形象。它是由面的外轮廓线确定的，一个面的属性在色彩和质量上将影响它在视觉上的体量感和稳定感。

面是直线在二维空间中运动轨迹的集合体，它只有与形结合才能产生。面与线一样也有几何和自然的分类。几何面主要有圆和方两种基本形态，通过对它的分割可以组合成无数的不规则几何形态。面的特征主要由构成它的边缘线决定，面通常表现为某一侧面或形体的一个单位。面是由直线平移而产生的，同时直线的空间运动也会产生曲面，如果面在空间中流动延伸，在视觉上则表现为曲面显示，曲面在现代设计中有着广泛的运用。面在铺装上的应用也十分广泛，花港观鱼公园应用了许多六边形的几何形态，通过几何形态的重复形成铺装面（见图1-4和图1-5）。

具有直线元素的面有正方形、长方形、菱形、梯形、三角形、多边形等。

具有曲线元素的面有圆形、椭圆形、扇形、半圆形等。

❖ 图1-4 铺装1

❖ 图1-5 铺装2

4）体

面展开产生体。一个体有三个量度，即长度、宽度、深度，这就是人们常说的三维空间。体可以理解为点、交点（多个面在此相交）；线、边缘（两个面在此相交）；面、表面（体本身的界限）。

形体是体的最基本的、可以辨认的特征。它是由面的形状和它们之间的相互关系决定的，建筑的三维空间就是体和面的组合关系。体是面移动生成的三次元轨迹，它占有一定的空间，并伴随着角度的不同而表现出不同的形态。体给人的感受也是多样的，在形体上它具有几何体和自然体，其最基本的形态是圆球和正方体，而通过组合与分割会产生多种构成形式。

立体构成方式如下：

（1）线与体的构成；

（2）平面与立面的构成；

（3）立体面的构成；

（4）线与线立体构成；

（5）面与面立体构成；

（6）线与面立体构成。

景观艺术设计中以面出现的形态主要是地面及各种铺装，另外还有形成阻挡视线的垂直墙面。体是构成景观艺术设计的主要内容，因为体的多样组合是景观艺术设计研究的主要内容。体的大小造型给人的感觉是不一样的：体块越大、越高、越实，重量感越强，视觉感越堵塞，越有压抑感；相反，体积小，镂空越多，越感觉轻巧。如花港观鱼公园的漏墙，墙面作为体的构成能够遮挡视线、分隔空间，而墙面上又有景窗，使得墙面在视线上具有一定的通透性，兼具欣赏漏墙对面景色的作用（见图1-6）。

❖ 图 1-6　漏墙

5）色彩

色彩是景观艺术设计中经常使用的艺术手段。色彩可以用来表现景观空间的性格和环境气氛，是创造优美空间环境的重要表现媒介之一。良好的色彩设计是高品质城市景观的重要标志之一。在景观环境色彩设计上，如何搭配好诸多色彩元素是关键。

色彩是造型中最重要的视觉感官要素，在功能上，它主要有辨认性、象征性、装饰性等特征。色彩分为无色彩和有色彩两大类。无色彩是由白到黑的变化，只有明暗关系；有色彩是除无色彩之外的所有色彩，基本原色为红、黄、蓝，有色相、明度和纯度三种属性，各种色彩因其三种属性的不同，可以产生多种对比关系的效果。

色彩给人的感觉为白—明快、灰—中庸、红—热烈、橙—华丽、黄—温暖、绿—和平、蓝—凉爽、紫—优雅。

景观艺术设计在利用植物自然色彩方面是独具特色的，随着一年四季的变化，花色、叶色丰富多彩、变化多样，因为植物的色彩往往控制了整个环境气氛，决定了景观环境的空间品位。

花港观鱼公园一共应用了200多个树种，但是这些树种并非全园平均分布，布置有主次之分，并通过植物色彩的搭配渲染节点主题。牡丹园以牡丹为主题，构图要求色彩鲜艳；金鱼园以金鱼为主题，花木为配景，构图也要求华丽；雪松大草坪构图要求简洁、雄伟，配色要求简明、素雅。公园中植物色彩的搭配，点染了整体环境气氛（见图1-7～图1-9）。

❖ 图1-7 牡丹园

❖ 图1-8 金鱼园1

❖ 图1-9 雪松大草坪

1.1.2 形式美法则

美是一种感觉，不易用一种标准来衡量，人们所见、所闻、所触的事物都会产生不同的感觉，因此美也是不同的。不同的国家、民族、时代，美的标准都是不一样的，可以说美没有具体的标准。

美是通过主观想象力来实现的一种对客观事物的感觉，体现在人的主观心理上，往往是反映在心情的愉快与不愉快的感受上。美感是通过美的形式产生出的情感。虽然不同（年龄、文化、职业、信仰、传统、风俗等）的人有不同的审美观，但是人们通过长期的社会实践，逐步发现了一些美的形式规律，并总结出一些普遍的审美形式特征，这些特征归纳起来大概包括以下内容。

1）多样统一

各类艺术都要求统一，在统一中求变化。统一用在园林中所指的方面很多，例如形式与风格，造园材料、色彩、线条等。从整体到局部都要讲求统一，但过分统一则显呆板，疏于统一则显杂乱，所以常在统一之上加上一个"多样"，意思是需要在变化之中求得统一，免于成为"大杂烩"。这一原则与其他原则有着密切的关系，起着"统帅"作用。风景园林是多种要素组成的空间艺术，要创造多样统一的艺术效果，可以通过以下多种途径来达到。

（1）形式与内容的变化统一

在自然式和规整式园林中，各种形式都是比较统一的；混合式园林主要指局部形式是统一的，而整体上自然式和规整式都存在，但园内两种形式的交接不能太突然，应该有一个过渡空间。公园中重要的表现形式是园内道路，其规整式多用直路，自然式多用曲路。由直变曲可借助于规整式中弧形或折线形道路，使游客不知不觉中转入曲径。

（2）局部与整体的多样统一

在同一园林中，各部分景点各具特色，但就全园总体而言，其风格造型、色彩变化均应与全园整体保持基本协调，在变化中求完整。

花港观鱼公园分为金鱼园（见图1-10）、牡丹园、花港、雪松大草坪、密林5个景区。在空间构图上层次丰富。景观节奏清晰，跌宕有致，既曲折变化又整体连贯。

❖ 图1-10　金鱼园2

（3）风格多样与统一

风格是因人、因地而逐渐演进形成的。一种风格的形成除了与气候、国家、民族、文化及历史背景有关外，同时还有深深的时代烙印。

花港观鱼公园的规划设计吸收了中国古典园林的精华，从皇家园林颐和园的景福阁、谐趣园中继承并吸取其精华，进行重新构思和创新，设计了翠雨厅与金鱼园。花港观鱼公园的牡丹园吸收借鉴了日本园林用大块山石造园的艺术、英国爱丁堡皇家植物园的岩石园与高山植物园、德国自然生态园的精华，用土山、太湖石、植物有机融合形成全新的专类园，与我国古代的假山和英国的岩石园都不同，但又富含我国传统园林艺术神韵。继承与吸取借鉴的内容经过重新创新后，设计师融入了自己的特点和智慧，使得多样的风格在整体上形成统一的效果，成为一个全新的园林作品（见图1-11和图1-12）。

❖ 图1-11　路面置石

❖ 图1-12　路边置石

（4）形体的多样与统一

形体可分为单一形体与多种形体。形体组合的变化统一可运用两种办法，其一是以主体的主要部分形式去统一各次要部分，各次要部分服从或类似主体，起到衬托呼应主体的作用；其二对某一群体空间而言，用整体体形去统一各局部体形或细部线条以及色彩、动势。

（5）图形线条的多样与统一

图形线条的多样与统一是指各图形本身整体线条图案与局部线条图案的变化统一。例如在园林中石砌驳岸用直线和直角的变化形成多样统一，也可用自然土坡山石构成曲线变化求得多样统一（见图1-13）。

（6）材料与质地的变化和统一

一座假山、一堵墙面、一组建筑，无论是单个或是群体，它们在选材方面既要有变化又要保持整体的一致性，这样才能显示景物的本质特征。如湖石与黄石假山用材就不可混

图 1-13　驳岸

杂，片石墙面和水泥墙面必须有主次比例。一组建筑，木构、石构、砖构必有一主，切不可等量混杂。近年来有很多用现代材料结构表现古建筑形式的做法，如仿木和仿竹的水泥结构、仿石的斩假石做法、仿大理石的喷涂做法，也可表现理想的质感统一的效果。

2）调和与对比

调和与对比都可产生美的形式。但过分强调调和会显得软弱无力，过分的对比会给人以强烈的刺激，从而带来精神上的不安。但无论是调和还是对比，都应因地制宜，不可随意乱用，设计的本质是解决问题，且一定要有针对性。

所谓"调和"，就是把相近或相关的景观要素组合起来，构成完整和谐的氛围，体现多样化的统一。与调和有相同作用的形式美表现手法还有对称、均衡、相似。调和起到的作用是缓解矛盾，营造柔和、轻松、协调的气氛。

所谓"对比"，就是把不同的或两种矛盾的要素组合在一起，产生出相互撞击、强烈冲突的效果，造成不和谐的感受。如大与小、长与短、高与低、多与少、硬与软、曲与直、钝与锐、强与弱、轻与重、动与静、水平与垂直、光滑与粗糙、静止与流动等。

如花港观鱼公园，通往不同方向的道路用两种不同材质的铺装进行区分；马一浮纪念馆远借雷峰塔，在远处观赏两座建筑时，大小、远近都具有对比感，而总体上它们又都统一于园林的大环境中（见图 1-14 和图 1-15）。

❖ 图 1-14　园路　　　　　　　　　　　　❖ 图 1-15　马一浮纪念馆

对比具有对立、强烈、生动、活泼的性质，在景观艺术设计中常常被运用，特别是在提高和调整视觉效果上起着重要作用。因此，对比是景观艺术设计中的一个重要的形式美法则，如何处理好两者的相互关系，巧妙地运用"对比"与"调和"的形式，做到"大调和与小对比"是一项重要的设计原则。

3）节奏与韵律

景观艺术设计是时空艺术，时空的运动会产生快慢和间歇，这种运动与间歇有规律的重复就是节奏。节奏的间歇所产生的停顿点能使景观主体更加突出。景观的节奏美反映在连续或并列的起伏变化中，停顿点形成了单元、主体、疏密、断续、起伏的节拍，构成了有规律的美的形式。

在形式美中，与节拍有关的是韵律。韵律是一种和谐美的格律，"韵"是和谐悦耳的声音，"律"是规律，韵律就是要求这种美的音韵在严格的旋律中进行。例如一条美的曲线，它的每一阶段的形态要美，这种美又是在规律中发展，线条的弯曲度、起伏转折，前后要有呼应，伸展要自然，要有韵律感。韵律又包括以下 5 类。

（1）渐变韵律指连续出现的要素，如果按照一定的规律变化，逐渐加大或变小，逐渐加宽或变窄，逐渐加长或缩短，从椭圆逐渐变成圆形或反之，色彩逐渐由绿变红或反之，由于其逐渐演变而称为渐变。如花港观鱼公园的观鱼廊，由于透视作用，在视觉上形成渐变的韵律（见图 1-16）。

（2）突变韵律指景物以较大的差别和对立的形式出现，从而产生突然变化的韵律感，给人以强烈对比的印象。

（3）交错韵律指两组以上的要素按一定规律交错变化。不同颜色的花卉相互交错生长，也能够形成交错韵律的美（见图 1-17）。

（4）旋转韵律指某种要素或线条按照螺旋状方式反复连续进行，或向上下，或向左右发展，从而得到旋转感很强的韵律特征。此类韵律在图案、花纹、雕塑设计中常见。

❖ 图 1-16　观鱼廊

❖ 图 1-17　花境

（5）自由韵律指某些要素或线条以自然流畅的方式，不规则却有一定规律地婉转流动，反复延续，出现自然柔美的韵律感。花港观鱼公园内的鲤鱼在水中畅游，水面泛起涟漪，形成自然柔美的自由韵律（见图 1-18）。

4）秩序美

秩序形式是景观艺术设计中形式美的核心要素之一。美国景观设计师约翰·O.西蒙兹说："我们需要有秩序，不是一种呆板的几何或空乏夸张的秩序，而是一种功能性秩序，它能保持城市一体化且运作正常——一种有机的像生命细胞、叶片和树木的秩序。"

秩序美包括前后顺序的排列和组合，还包括功能性、数据化、科学程序等。秩序能理顺城市景观多样与多变形态，调整形态中的不合理现象，提高城市景观品质。秩序美还能构成安宁而有条理的环境，人在其中会感到舒适与便捷。

5）对称与均衡

对称与均衡在形式上虽有差别，但有着平衡而具安全感的共同点，其表现的形式效果是一种和谐与宁静。对称有完全对称、不完全对称；均衡有对称均衡、支点均衡（重心偏移平衡）。对称的视觉感受显得严肃、规整、单纯、庄重、有条理；而均衡则显得活泼、轻快、优美而富有动感。如花港观鱼公园的东门入口景观就用到了对称的手法（见图 1-19）。

❖ 图 1-18　涟漪

❖ 图 1-19　东门入口景观

设计构图的奇特，主要表现为不均衡的形式，可分为形态的不均衡、空间的不均衡、色彩的不均衡。设计构图在以上三个方面，只要突出一个方面的不平衡，就会产生险意并构成较强烈的形式感。现代景观设计非常强调这种不均衡的构图。奇险就是设计均衡的突破。完全对称在视觉上很容易认清，而均衡则是靠视觉感受来体现，不以量化的标准来衡量。因此，对称与均衡完全靠视觉的直接感受。

6）简约与明快

简约与明快作为一种新的景观、建筑美学法则，源自当今社会消费理念、审美理念、生态理念的变化。城市景观设计的一大目标就是缓解城市的拥挤和杂乱问题。简约明快的环境空间可以减轻人们的视觉负担和心理压力，使人们的心情获得平静和舒展。因此，简约明快的设计是现代景观艺术设计发展的必然趋势。简约明快的景观艺术设计可以考虑造型的简约、色彩的单纯，尽可能少的人工修饰，加强自然化，这样更符合景观艺术设计的本质要求。简约与明快的形式是形式美重要的法则之一。

7）整齐一律

整齐一律是景观艺术设计形式美的基本规律之一。它是指景物形式中多个相同或相似部分之间的重复出现，或是对等排列与延续，其美学特征是创造庄重、威严、力量和秩序感。如景观中整齐的行道树与绿篱、整齐的廊柱与门窗、整齐排列的旗杆与喷泉水柱等。

8）参差律

参差律与整齐一律相对，指各景观要素中的各部分之间有秩序的变化与组合关系。一般是通过景物的高低、起伏、大小、前后、远近、疏密、开合、浓淡、明暗、冷暖、轻重、强弱等无周期的连续变化和对比方法，使景观波澜起伏、丰富多彩、变化多端。但参差并非杂乱无章，人们在长期的实践中摸索出一套变化规律，即所谓的章法、构思。如建筑轮廓、地形变化、叠石结构、树木配植等，经过一定的章法与构思，取得主次分明、层次丰富、错落有致的景观空间效果。花港观鱼公园的观鱼廊，参差不齐的建筑形态使其层次分明、错落有致（见图1-20）。

9）均衡律

均衡律是人体平衡感的自然产物。这里是指群体的各部分之间对立统一的空间关系，一般表现为两大类型，即静态均衡和动态均衡。

（1）静态均衡，也称对称平衡。就是以某轴线为中心，在相对静止的条件下，取得左右（或上下）对称的形式，在心理学上表现为稳定、庄重和理性的特征。

（2）动态均衡，又称动势均衡、不对称平衡。动态均衡创作法一般有以下3种类型。

① 构图中心法，即在群体景物之中，有意识地强调一个视线构图中心，而使其他部分均与其取得对应关系，从而在总体上取得均衡感。

② 杠杆均衡法，又称动态平衡法。根据杠杆力矩的原理，使不同体量或重量感的景

物置于相对应的位置而取得平衡感。

③ 惯性心理法，或称运动平衡法。人在运动中形成了习惯重心感，若重心产生偏移，则必然出现动势倾向，以求得新的均衡。

10）协调律

协调律，也称谐调律、和谐律。在形式美的概念中，谐调是指各景物之间形成了矛盾统一体，也就是在事物的差异中强调了统一的规律，使人们在柔和宁静的氛围中获得协调美的享受。在景观艺术设计中，若要达到谐调的艺术效果有以下 4 种方法。

（1）相似协调，指形状基本相同的几何形体、建筑体、花坛、设施等，其大小及排列不同而产生的协调感。

（2）近似协调，也称微差协调。指相互近似的景物重复出现或相互配合而产生协调感。

（3）局部与整体的协调，可以表现在整个景观空间中，局部景观与整体景观的协调，也可表现在某一景观的各种组成部分与整体的协调。

（4）适合度的协调，一般认为使景观功能、景观空间、景观环境三者协调一致，就会产生较高的适合度。因而适合度是进行景观品质评价的重要依据之一。花港观鱼公园的花港茶室建在水面上，其整体建筑形式与周围空间环境相协调（见图 1-21）。

❖ 图 1-20　观鱼廊

❖ 图 1-21　花港茶室

11）比例律

在人类的审美认知中，如果客观景象比例和人的心理经验形成一定的呼应关系，使人能够产生美感，这就是合乎比例了。或者说某景物整体与局部间存在的关系是合乎逻辑的必然关系。比例具有满足审美要求的特征。比例出自数学，表示数量不同而比值相等的关系。

世界公认的最佳数比关系是由古希腊毕达格拉斯学派创立的"黄金分割"理论。即无论从数字、线段或面积上相互比较的两个因素，其比值近似为 1∶0.618。然而在人的审美活动中，比例更多的见之于人的心理感应，这是人类社会实践的产物，并不仅仅限于黄金比例关系。

功能决定比例。人的使用功能常常是事物比例尺度的决定性因素。如人体尺度与活动规律决定了建筑三维空间长、宽、高的比例；门、窗的高、宽比例；坐凳、桌子的比例；各种实用产品的比例以及各种书籍的长、宽比例关系等。这说明对各种事物或景物来说，决定比例关系的主要因素是人的使用功能。

12）主从与重点

在由若干要素组成的景观环境中，每一要素在整体中所占的比重和所处的地位都将会影响整体的统一性，若使所有的要素都竞相突出自己，或者都处于同等重要的地位，不分主次，就会削弱景观的统一性。在一个综合性景观场所里，多景观要素、多景区空间、多造景形式的存在，决定了必须有主有次、以次辅主的创作方法，才能达到既丰富多彩，又多样统一的完美效果。在众多的景观构景空间中，必有一个空间在体量上或高度上起主导作用，其他空间起陪衬或烘托作用。主体景观（或主景区）与次要景观（或次景区）总是相比较而存在。但是，每个空间一定要有主体与客体之分。景观主体是空间构图的重点或中心，起主导作用。其余的客体对主体起陪衬或烘托作用，这样主次分明、相得益彰，才能统一共存于构图之中。

重点处理是景观艺术设计中运用最多的手法之一，对景观的主体和主要部分采用重点处理，使其更加突出。景观的主体和主要部分主要是指景观的核心要点，例如某环境的主出入口、主景区、主景、主要道路、广场、建筑、水体、设施、主体艺术品及主要植物造景区等。非主要景观是指景观场所中的节点部位，如道路的交叉口、转折处、大草坪空间、林缘线，有时常对这些部分进行简化处理。

整体性是对所有景观作品的共同要求，一般包括外部形象的完整性、自身结构的完整性、内在思想体系的完整性。作为景观场所空间，无论各要素形式如何变化，景观要素如何变更，其最终目的是要创造一个完整和谐的空间环境。任何整体都不应是各要素的机械相加，而是需要它们之间互相辅助、彼此联系，达到融会贯通，形成内在和谐的有机整体。

一般取得整体性的方法很多，就景观艺术设计而言，可运用分隔与联系法、主次分明法、层次联系法、形体对位法等。其中对位法应用很多，有规则对位法和自由对位法两类，前者又有中心线对位法和边线对位法。在景观布局上有轴线对位法、视线对位法、景点对位法，其中还有直接对位法和间接对位法等。

1.1.3 美的尺度

美的尺度是指景观给人们带来愉悦和美感的心理尺度。美的尺度应是符合人的行为和活动的环境尺度，是合理的尺度。在环境中，人的行为活动都有一定的规律并有一定的标准尺度和范围。因此学习景观艺术设计，必须首先了解和掌握人的基本行为尺度。

1. 空间尺度的决定因素

空间尺度的大小直接影响着人们的情感和行为。过于狭窄的空间给人们带来的心理感受是压抑、沉闷、急躁；反之，过于空旷的空间，又会使人感到紧张、恐惧、焦虑和不安。狭窄而无限高的空间会让人感到身心被引上了天空。可见，不同的空间大小、形状给人带来的心理感受是完全不一样的。

景观环境中的空间多数是自然开放空间。符合人的行为和活动的空间有：围合的适度空间、与人的活动尺度相符的空间、带领域感的空间。领域的界限可以是绿篱、栏杆、窗面、围墙或者是排列成行的树木等。

尺度是景物和人之间发生关系的产物，凡是与人有关的物品或环境空间都涉及尺度问题。久而久之，这种尺度成为人类习惯和既定的尺度观念。如在环境景观中，儿童设施与成人设施在尺度上就有着不同的要求。在景观设计中，影响比例与尺度的因素有以下3个方面。

（1）功能性质决定景观的比例尺度：如城市广场，为了表现雄伟、崇高、壮观的气势效果，常采取大尺度，而小型绿地、庭院则以较小的比例尺度来表现园林的轻巧多趣。

（2）材料、结构及工程技术条件决定景观的比例尺度：如用石材建造景观建筑，跨度受石材的限制，廊柱间距很小；用砖结构建造的房屋，室内空间很小且墙很厚；用木结构建造的建筑，屋顶的变化可丰富多样。随着混凝土及钢材造型上的比例关系得到解放，景观建筑也随之丰富多彩。

（3）景观环境与景观比例尺度：同一物体由于所处景观环境不同，其所表现出的尺度感是不同的。如大草坪上的孤植树与小庭院中同样大小的孤植树给人的尺度感是截然不同的。任何事物在其不同的环境中，应有不同的尺度。如在这个环境中成功的尺度，当搬到另一个环境中时，未必合适。因此要构成一个良好的景观场所环境，任何事物在它所处的场所环境中都必须有最合适的比例尺度。

2. 密度尺度

密度是单位面积的量数。密度不是绝对的，而是相对的。单位面积的数量过多、过于密集会给人带来烦躁的不愉快感；相反，适当的环境密度会给人带来舒适之感。适宜的密度与一定的环境容量对人的行为引导有直接的关系。适宜的密度、宽松的环境容量才能营造舒适的环境。

3. 模度尺度

具有合适数比关系的图形有时被认为是最美的图形。如以圆形、正方形、矩形、三角形等作为基本模度，进行划分、拼接、组合、缩放等，从而在平面、立面或形态上取得具有模度倍数的空间关系，如有些建筑、庭院、花坛的构成，采用合适的模度尺度，不仅能得到好的比例尺度效果，而且给建造施工带来方便。一般模度尺度的应用采取加法和减法进行设计。

尺度不仅可以调节景物的相互关系，又可以造成人的错觉，从而产生特殊的艺术效果。在实际应用中，存在很多有价值的尺度概念可供借鉴。

（1）园林景观建筑空间1:10理论：指园林设计中建筑室内空间与室外庭院空间之比最小为1:10。

（2）地与墙的比例关系：地与墙为 D 和 H，当 $D:H<1$ 时为夹景效果，空间通过感快而强；当 $D:H=1$ 时为稳定效果，空间通过感平缓；当 $D:H>1$ 时则具有开阔效果，空间感开敞而散漫，没有通过感。

（3）墙或绿篱的比例关系：当墙或绿篱高不大于30cm时有图案感，但无空间隔离感，多用于花坛花纹、草坪模纹的边缘处理；当墙或绿篱高60cm时，稍有边界划分和隔离感，多用于台边、建筑边缘的处理；当墙或绿篱高为90~120cm时，具有较强烈的边界隔离感，多用于安静休息区的隔离处理；当墙或绿篱的高度大于160cm时，即超过一般人的视点时，则使人产生空间隔断或封闭感，多用于障景、隔景或特殊活动封闭空间处理。

（4）植物的生长会改变比例尺度：在树木定植的最初几年，它们本身与整体之间的比例与尺度是恰当的，但随着树龄的增加，树木就会失去和谐的比例与尺度。因此，在种植树木时应充分考虑时间因素对植物的影响。

4. 行为尺度

人们在景观环境中常见的基本行为有行走、攀登、观望、休息等。

（1）行走

行走的前提条件是路的存在。路的宽与窄、路面的好与坏都会给人带来不同的感受。路面过窄会使人感到局促、紧张，适合的尺度才是美的尺度。路面的宽度一般为：供一人行走的外环境小路宽度为0.6~1m；两人通过的路宽度为1.5~3m；宽广的公园主路一般宽度为5~6m；汽车单行道（一般普通车专用道）路面宽度为2.5~3m；双向行车道宽度为6m以上；连接大型广场公园的街道宽度为11~18m。

（2）攀登

景观中的攀登一般指台阶的攀登。台阶的设计尺度要符合人体尺度，符合人们的活动范围才能减轻攀登的负担。因此台阶的设计尺度要合理。台阶的踏面宽度一般在20cm以上，台阶的高度不能太高，一般为10~15cm，超过这个尺寸就会给攀登者带来困难。扶手的高度在0.86m左右。

（3）观望

观望是人的本能，景观设计中设计观望空间，是为了给大众提供一个赏心悦目的景观环境。让人们观望什么，怎样观望才有趣，什么样的景观能使人们产生美感和愉悦感，这些都是景观艺术设计师要考虑的问题。

景观环境中的观望是一个审美的过程，也是陶冶性情、激发情感的心理感受过程。景观环境不仅是一览无余的观望风景，而且要巧妙地运用艺术手法引导人们去观望、去欣赏。视景应该是丰富多彩的，要有曲有直、有藏有露、有大有小、有静有动、有节奏有变化、有开阔有狭窄等。如花港观鱼公园的长廊，曲折有致，通过视景不断地变化来丰富人们的视野，满足人们的观望需求（见图1-22）。人们观望的视角是60°，视点高度一般在1.5~1.7m，超过2m的视线将被遮挡。景观艺术设计中常常利用人们的观望特性来规划景观空间，引导人们观望一个又一个不同的景观画面。

（4）休息

休息是人们行为中的惯性，即使公园或广场中未设置桌椅，人们也会习惯找个台阶或在街道边、僻静处席地而坐。这说明景观环境中的设计休息空间与设置休息设施的必要性，能够满足人的本能及行为的需要。景观环境中桌椅的设置是吸引人们停留、休息、观望、等候、阅读、交谈的因素。一般人们喜欢挑选安静并设置休息设施之地眺望风景，不愿挑选在喧闹的繁杂地段或是秘密性低的位置（见图1-23）。因此，桌椅的放置也要关注人们的心理感受，要从人们的选择角度出发，有意识地进行合理化设置，将景观环境与景观设施有机地融合在一起。桌椅的构造要符合人体的尺度，一般座位高度为30~45cm，材质一般以自然材料为宜。不锈钢及金属材料虽然很坚固，但有夏天烫而冬天凉的弊端，应尽量避免使用。

❖ 图1-22　长廊

❖ 图1-23　休息座椅

（5）关联尺度

关联尺度是指景观艺术整体设计中的景观功能、形态、空间、路线的尺度关系，是表现人们行为的尺度。这个尺度的合理化会给人们带来方便和愉快的心情；反之，则会带来麻烦和不必要的困惑。

景观艺术设计的关联性在于合理化地整体布局，在研究人们的行为和心理特征的基础上，按照人们的活动尺度、行为习惯、功能需求、动机目的来构造景观中的关联动线，合理地划分区域和氛围，提供一个理想的空间环境。景观艺术设计中如何丰富人们的视觉美感是比较关键的问题。景观环境中的动线是引导视景的路线，如何把不同功能空间串联起来构成既有联系又有分割的整体环境，视点如何随着动线移动，将要展现的是什么样的景观，视景又如何随之展开和变化等，都是设计中需要解决的主要问题。同时还要注意调节视觉的变化，有张有弛，有急有缓，以使观赏者保持饱满的精神和浓厚的游览兴趣。

关联尺度的美感在于合情合理的布局。例如景观中的休息设施设置是否合理、标识是否易认、方便程度如何、数量是否合适、与人流量有无关系等，这些都是非常具体的问题，需要在调查的基础上加以解决。不合理的关联尺度设计会大大降低景观环境品质。

1.2　园林景观设计的艺术原理

1.2.1　静态空间的艺术构图

1. 静态空间的艺术类型

按照活动内容，静态空间一般可分为生活居住空间、游览观光空间、安静休息空间和体育活动空间等；按照地域特征分为山岳空间、台地空间、谷地空间和平地空间等；按照开朗程度分为开朗空间、半开朗空间和闭锁空间等；按照构成要素分为绿色空间、建筑空间、山石空间和水域空间等；按照空间大小分为超人空间、自然空间和亲密空间等；按照空间形式分为规则空间、半规则空间和自然空间等；按照空间数量又分为单一空间和复合空间等。

2. 静态空间的艺术构图

1）风景界面与空间感

局部空间与大环境的交接面就是风景界面，风景界面是由天地及四周景物构成的。以平地(或水面)和天空构成的空间，有旷达感；以峭壁或高树夹持，其高宽比为 6:1~8:1 的空间，有峡谷或夹景感；由六面山石围合的空间，则有洞府感；以树丛和草坪构成的空间，有明亮亲切感。以大片高乔木和低矮地被组成的空间，给人以荫浓景深的感觉；一个山环水绕、泉瀑直下的围合空间则给人清凉世界之感；一组山环树抱、庙宇林立的复合空间，给人以人间仙境的神秘感；一处四面环山、中部低凹的山林空间，给人以深奥幽静感；以烟云水域为主体的洲岛空间，给人以仙山琼阁的联想；还有中国古典园林的咫尺山林，给人以小中见大的空间感；大环境中的园中园，给人以大中见小（巧）的感受。又如花港观鱼公园的开阔空间、林荫空间、洲岛空间，不同的空间给人的空间感受也各不相同（见图 1-24～图 1-26）。

❖ 图 1-24　开阔空间

❖ 图 1-25　林荫空间

❖ 图 1-26　洲岛空间

由此可见，巧妙地利用不同的风景界面组成关系，进行园林空间造景，将给人们带来静态空间的多种艺术魅力。

2）静态空间的视觉规律

（1）最宜视距。正常人的清晰视距为25~30m，能明确看到景物细部的视距为30~50m，能识别景物类型的视距为150~270m，能辨认景物轮廓的视距为500m，能明确发现物体的视距为1200~2000m，但这种情况已经不能产生最佳的观赏效果。

（2）最佳视阈。人的正常静观视场，垂直视角为130°，水平视角为160°。但按照人的视网膜鉴别率，最佳垂直视角小于30°，水平视角小于45°，即人们静观景物的最佳视距为景物高度的2倍或宽度的1.2倍，以此定位设景则观景效果最佳。但是，即使在静态空间内，也要允许游人在不同部位赏景。设计师认为，对景物观赏的最佳视点有三个位置，即垂直视角为18°（景物高度的3倍距离）、27°（景物高度的2倍距离）、45°（景物高度的1倍距离）。如果是纪念雕塑，则可以在上述三个视点距离位置为游人创造较开阔平坦的休息欣赏场地。

（3）三远视景。除了正常的景物对视外，还要为游人创造更丰富的视景条件，以满足游赏需要。借鉴画论三远法，可以取得一定的效果。

① 仰视高远：一般认为视景仰角分别为大于45°、60°、90°时，由于视线的不同消失程度可产生高大感、宏伟感、崇高感和威严感。若大于90°，则产生下压的危机感，这种视景法又叫虫视法。在中国皇家宫苑和宗教园林中常用此法突出皇权的神威，或在山水园林中创造群峰万壑、小中见大的意境。

② 俯视深远：居高临下，俯瞰大地，是人们游赏的一大乐趣。园林中也常利用地形或人工造景，创造制高点以供人俯视。绘画中称为鸟瞰。俯视也有远视、中视和近视的不同效果。一般俯视角小于45°、30°、10°时，则分别产生深远、深渊、凌空感。当小于0°时，则产生欲坠危机感。登泰山而一览众山小，居天都而有升仙神游之感，也会产生人定胜天之感。

③ 中视平远：以视平线为中心的30°夹角视场，可向远方平视。利用创造平视观景的机会，将给人以广阔宁静的感受。因此园林中常要创造宽阔的水面、平缓的草坪、开敞的视野等远望的条件，这样就把天边的水色云光、远方的山廓塔影借到游人的视野范围内，使游人一饱眼福。

花港观鱼公园中央鱼池四周的建筑高度与鱼池的长宽之比为1:10~1:4。在闭合空间内，游人视线与建筑所成的仰角为6°~12°。

三远视景都能产生良好的借景效果，根据"佳则收之，俗则屏之"的原则，对远景的观赏应有选择，但并没有近景的要求那么严格。因为远景给人抽象概括的朦胧美，而近景给人具象细微的质地美。

1.2.2 动态序列的艺术布局

1. 园林空间的展示程序

中国传统园林大多有规定的出入口和行进路线，明确的空间分隔和构图中心，主次分明的建筑类型和游憩范围，形成一种景观的展示序列。

1）一般序列

一般简单的展示序列有两段式或三段式之分。两段式就是从起景逐步过渡到高潮而结束。但是多数园林具有较复杂的展示序列，大体上分为起景—高潮—结景三个段落。在此期间还有多次转折，由低潮发展为高潮，接着又经过转折、分散、收缩以至结束。

2）循环序列

为了适应现代快速生活节奏的需要，多数综合性园林或风景区采用了多向入口、循环道路系统、多景区景点划分、分散式游览线路的布局方法，以容纳成千上万游人的活动需求。因此现代综合性园林或风景区采用主景区领衔，次景区辅佐，多条展示序列并置的方式。各序列环状沟通，以各自入口为起景，以主景区主景物为构图中心，以综合循环游憩景观为主线，以方便游人、满足园林功能需求为主要目的来组织空间序列，这已成为现代综合性园林设计的特点。在风景区的规划中更要注意游赏序列的合理安排和游程游线的有机组织。

3）专类序列

以专类活动内容为主的专类园林有其各自的特点。如植物园多以植物演化系统组织园景序列，如从低等到高等、从裸子植物到被子植物、从单子叶植物到双子叶植物，还有不少植物园因地制宜地创造自然生态群落景观形成其特色。又如动物园一般从低等动物到鱼类、两栖类、爬行类至鸟类，再到食草、食肉哺乳动物，乃至灵长类高级动物等，形成完整的景观序列，并创造出以珍奇动物为主的全园构图中心。某些盆景园也有专门的展示序列，如盆栽花卉、树桩盆景、树石盆景、山水盆景、水石盆景、微型盆景和根雕艺术等，这些都为展示空间提出了规定性的序列要求，故称其为专类序列。

2. 园林道路系统布局的序列类型

园林空间序列的展示主要依靠道路系统的导游职能，因此道路系统组织类型就显得十分重要。多种类型的道路体系为游人提供了动态游览条件，因地制宜的园景布局又为动态序列的展示打下了基础。

3. 风景园林景观序列的创作手法

景观序列的形成要运用各种艺术设计手法，例如风景景观序列的主调、基调、配调和转调。风景序列是由多种风景要素有机组合，逐步展现出来的，在统一基础上求变化，又在变化之中见统一，这是创造风景序列的重要手法。以植物景观要素为例，作为整体背景或底色的树林可谓基调，作为某序列前景和主景的树种为主调，配合主景的植物为配调，处于空间序列转折区段的过渡树种为转调，过渡到新的空间序列区段时，又可能出现新的基调、主调和配调。如此逐渐展开就形成了风景序列的调子变化，从而产生不断变化的观赏效果。

1）风景序列的起结开合

风景序列的构成部分可以是起伏的地形、环绕的水系，也可以是植物群落或建筑空间。无论是单一的还是复合的，总应有头有尾、有放有收，这也是创造风景序列常用的手法。以水体为例，水之来源为起，水之去脉为结，水面扩大或分支为开，水之溪流又为合。这和写文章相似，用来龙去脉表现水体空间之活跃，以收放变换创造水之情趣，如杭州西湖的聚散水面。

2）风景序列的断续起伏

这是利用地形地势变化来创造风景序列的手法之一，多用于风景区或郊野公园。一般风景区山水起伏、游程较远，可将多种景区景点拉开距离，分区段设置。在游步道的引导下，风景序列断续发展，游程起伏高低，从而取得引人入胜、渐入佳境的效果。

3）园林植物的季相与色彩布局

园林植物是风景园林景观的主体，然而植物又有其独特的生态规律。在不同的立地条件下，利用植物个体与群落在不同季节的外形与色彩变化，再配以山石水景、建筑道路等，将出现绚丽多姿的景观效果和展示序列。

花港观鱼公园内，早春有梅花、玉兰，春季有海棠、樱花，晚春有牡丹、栀子，夏秋有紫薇、睡莲，秋季有丹桂、红枫，冬季有腊梅、山茶。牡丹园要求色彩鲜艳，除牡丹以外，应用树种达80余种，配植以混交为主，为全园种植构图的中心，最好的花木品种均集中在牡丹园。金鱼园以金鱼为主题，构图华丽，采用树种达50余种，配植以混交为主。大草坪构图要求简洁雄伟，因此树种要求为巨型大乔木，选用雪松、香樟、鹅掌楸等。

4）园林建筑群组的动态序列布局

园林建筑在风景园林中只占1%~2%的面积，但它往往是某景区的构图中心，起到画龙点睛的作用。由于使用功能和建筑艺术的需要，建筑群体组合以及整个园林中的建筑布置均应有动态序列的安排。对于一个建筑群组而言，应该有入口、门庭、过道、次要建筑、主体建筑的序列安排。对于整个风景园林而言，从大门入口区到次要景区，最后到主景区，都有必要将不同功能的景区有计划地排列在景区序列线上，形成一个既有统一展示层次，又有多样变化的组合形式，以达到应用与造景之间的完美统一。

花港观鱼公园文娱厅大草坪为青少年活动场地，其东北可眺望苏堤，北可眺望栖霞岭，西北可眺望刘庄、丁家山及西山休养区，视界广阔。由于大草坪北面沿湖空旷线太长，为了打破过度的开放性，设计师将全园最大的建筑文娱厅（即翠雨厅）布置在临湖水边，将其作为这个空间的主景。同时设计师利用长廊将一部分草坪与广阔的湖面进行分隔，远景可以穿过长廊透入园内，由此长廊就起到了漏框的装饰作用。从文娱厅本身的功能要求来看，将其布置在广阔的湖边和大草坪间，其呈现的比例是比较合适的。建筑本身对整个西湖来说，又构成了其他风景点对景的焦点（见图1-27和图1-28）。

❖ 图1-27　文娱厅1

❖ 图1-28　文娱厅2

1. 获取项目信息资料

根据委托方提供的该城市公园规划图及相关信息，可知云西公园的总占地面积为35467m^2，位于城市特色景观轴端点，是连接城市的重要绿地公园。

2. 方案的构思与生成

在设计构思上，云西公园要形成产业公园与经济公园相结合的复合型公园，引领城市公园新思路。

特色一：中心广场轴线与功能环相结合。景观游览动线是从中心广场过渡到山体休闲观光空间；景观控制轴线主要突出中心功能环，增加中心教堂的仪式感，延伸两侧的休闲绿化空间。

特色二：中心下沉广场贯穿地上与地下空间。公园入口与地下车库出入口相互配合，能够有效引导人流，增加功能层次；设计地下商业圈，对接未来商业，为城市发展创造机遇；设置上山自动扶梯，提升休闲品质，形成场地特色。

特色三：云西公园入口及绿道系统。加强入口景观与周边山势的衔接，连接环状白云山绿道系统，提升游客对场地的体验性和记忆性。

3. 方案的表达

方案的表达见图 1-29～图 1-35。

❖ 图 1-29　总平面图

❖ 图 1-30　景观结构分区图

❖ 图1-31 景观节点分布图

❖ 图1-32 下沉商业广场效果图

❖ 图 1-33　东入口广场效果图

❖ 图 1-34　西入口广场效果图

❖ 图 1-35 山水楼榭效果图

分析台州市椒江区云西公园设计案例,在设计中应用了哪些形式美法则和艺术构图手法?

项目 1 知识拓展

项目 2　园林景观方案设计

学习目标

【知识目标】

（1）了解园林设计的前提工作。

（2）掌握总体设计的各项内容和设计要点。

（3）了解园林景观方案局部详细设计阶段的相关内容。

【技能目标】

（1）能够根据景观设计的基本原理对景观设计的基本步骤进行分析。

（2）能够根据工程实际情况明确工程项目详细设计的内容。

工作任务

任务提出

如图 2-1 所示为杭州市萧山区湘湖公园二期南岸湖山真意景区的基地现状图，图中红线范围为规划设计区域。根据园林设计的原理、方法、程序以及功能要求，理解该景观绿地方案设计的步骤。

任务分析

在了解方案设计的前提工作、总体设计方案阶段、局部详细设计阶段等的基本内容和设计方法的基础上，了解委托方对项目的要求和上位规划信息，了解各种因素对基地景观设计的影响。根据该项目景观规划设计图纸，理解该景观绿地方案设计的步骤。

任务要求

（1）了解委托方的要求，掌握该项目概况等基地信息。

（2）能够明确园林设计的基本方法在景观设计中的应用。

（3）根据绿地方案设计的各类图纸，方案设计阶段包括现状分析图、设计平面图、局部效果图、整体鸟瞰图等；局部设计阶段包括平面及索引图、节点细部详图、标准平面图、断面大样图以及设计说明和施工要点，明确工程项目景观设计图纸包含的基本内容。

❖ 图 2-1　杭州湘湖公园二期南岸湖山真意景区基地现状图

▍知识准备

2.1 园林设计的前提工作

2.1.1 掌握自然条件、环境状况及历史沿革

（1）委托方对设计任务的要求及项目基地的历史状况。
（2）城市绿地总体规划与公园的关系，以及对公园设计的要求。城市绿地总体规划图。

比例尺为1∶5000、1∶10000。

（3）公园周围的环境关系、环境特点、未来发展情况。如周围有无名胜古迹、人文资源等。

（4）公园周围的城市景观。建筑形式、体量、色彩等与周围市政的交通联系，人流的集散方向，周围居民的类型与社会结构，如属于厂矿区、文教区或商业区等情况。

（5）该地段的能源情况。电源、水源以及排污、排水，周围是否有污染源，如有毒有害的厂矿企业、传染病医院等情况。

（6）规划用地的水文、地质、地形、气象等方面的资料。了解地下水位，年与月降雨量。年最高、最低温度及其分布时间，年最高最低湿度及其分布时间。年季风风向、最大风力、风速以及冰冻线深度等。重要或大型园林建筑的规划位置尤其需要地质勘查资料。

（7）植物状况。了解和掌握地区内原有的植物种类、生态、群落组成，还有树木的年龄、观赏特点等。

（8）建园所需主要材料的来源与施工情况，如苗木、山石、建材等情况。

杭州湘湖公园二期的方案在设计前期调研过程中，对场地的史迹遗存和历史文化景点做了详细的调研，如图2-2和图2-3所示。

❖ 图2-2 杭州湘湖公园二期南岸场地史迹遗存位置图

❖ 图2-3 杭州湘湖公园二期南岸历史文化景点调研图

（9）委托方要求的园林设计标准及投资额度。

2.1.2 收集相关图纸资料

除了上述要求具备城市总体规划图以外,还要求委托方提供以下图纸资料。

(1)地形图。根据面积大小,提供1:2000、1:1000、1:500园址范围内总平面地形图纸,应明确显示以下内容:设计范围(红线范围、坐标数字),园址范围内的地形、标高及现状物(现有建筑物、构筑物、山体、水系、植物、道路、水井,还有水系的进、出口位置,电源等)的位置。现状物中,保留利用、改造和拆迁等情况要分别注明。周边环境情况:与市政交通联系的主要道路名称、宽度、标高点数字以及走向和道路、排水方向;周围机关、单位、居住区的名称、范围,以及今后发展状况。

(2)局部放大图。1:200图纸主要提供为局部详细设计用。该图纸要满足建筑单位设计及其周围山体、水系、植被、园林小品及园路的详细布局。

(3)要保留使用的主要建筑物的平面图、立面图。平面图要注明室内、室外标高;立面图要标明建筑物的尺寸、颜色等内容。

(4)现状树木分布位置图(1:500,1:200)。主要标明要保留树木的位置,并注明品种、胸径、生长状况和观赏价值等。有较高观赏价值的树木最好附以彩色照片。

(5)地下管线图(1:500,1:200)。一般要求与施工图比例相同。图内应包括要保留的上水、雨水、污水、化粪池、电信、电力、暖气沟、煤气、热力等管线位置及井位等。除平面图外,还要有剖面图,并需要注明管径的大小、管底或管顶标高、压力、坡度等。

2.1.3 现场踏勘

无论面积大小和设计项目的难易,设计者都必须认真到现场进行踏查。一方面,核对、补充所收集的图纸资料,如现状的建筑、树木等情况,水文、地质、地形等自然条件。另一方面,设计者到现场,可以根据周围环境条件,进行设计构思阶段。"佳者收之,俗者屏之"。发现可利用、可借景的景物和影响景观的物体,在规划过程中应该分别加以适当处理。根据具体情况,如面积较大、情况较复杂,有必要的情况下,踏查工作要进行多次。

现场踏查的同时,拍摄一定的环境现状照片,以供进行总体设计时参考。

2.1.4 编制总体设计任务文件

无论面积大小,设计者将所收集到的资料,经过分析、研究,定出总体设计原则和目标,编制出公园设计的要求和说明。主要包括以下内容。

(1)公园在城市绿地系统中的关系。

（2）公园所处地段的特征及周边环境。

（3）公园的面积和游人容量。

（4）公园总体设计的艺术特色和风格要求。

（5）公园地形设计，包括山体水系等要求。

（6）公园的分期建设实施的程序。

（7）公园建设的投资匡算。

2.2 总体设计方案阶段

在明确公园在城市绿地系统中的关系，确定了公园总体设计的原则与目标后，应着手进行以下设计工作。

2.2.1 主要设计图纸内容

1. 位置图

位置图属于示意性图纸，表示该公园在城市区域内的位置，要求简洁明了。

2. 现状图

现状图是根据已掌握的全部资料，经分析、整理、归纳后，将公园分成若干空间，对现状作综合评述。可用圆形或抽象图形将其概括地表示出来。例如，经过对周边道路的分析，根据主、次城市干道的情况，确定出入口的大概位置和范围。同时，在现状图上，可分析公园设计中有利和不利因素，为功能分区提供参考依据。

3. 分区图

根据总体设计的原则、现状图分析，不同年龄段游人活动规划，不同兴趣爱好游人的需要，确定不同的分区，划分出不同的空间，使不同空间和区域满足不同的功能要求，并使功能与形式尽可能统一。另外，分区图可以反映不同空间、分区之间的关系。如图2-4~图2-6所示，分区图属于示意说明性质，可以用抽象图形或圆形等图案予以表示。

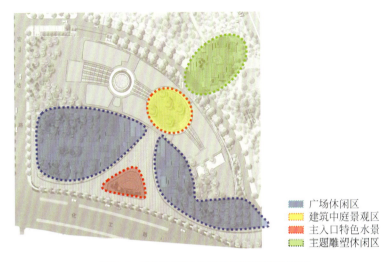

❖ 图2-4 郑州雕塑公园广场景观设计分区图

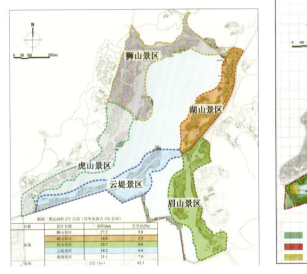

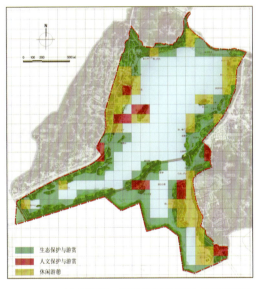

❖ 图2-5 杭州湘湖二期绿化提升工程景色分区图　　❖ 图2-6 杭州湘湖二期绿化提升工程功能分区图

4. 总体设计方案图

根据总体设计原则、目标,总体设计方案图应包括以下内容(见图2-7~图2-10):第一,公园与周围环境的关系:公园主要、次要、专用出入口与市政交通的关系,即面临街道名称、宽度;周围主要单位名称,或居民区等;公园与周围园界的围墙或透空栏杆要明确表示。第二,公园主要、次要、专用出入口的位置、面积、规划形式,主要出入口的内、外广场,停车场、大门等布局。第三,公园的地形总体规划,道路系统规划。第四,全园建筑物、构筑物等布局情况,建筑总平面图要能反映总体设计意图。第五,全园植物设计图,图上反映密林、疏林、树丛、草坪、花坛、专类花园、盆景园等植物景观。此外，总体设计方案图应准确标明比例尺、指北针、图例等内容。

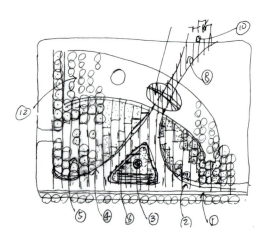
❖ 图2-7　郑州雕塑公园广场景观设计手稿

❖ 图2-8　郑州雕塑公园广场景观总平面图

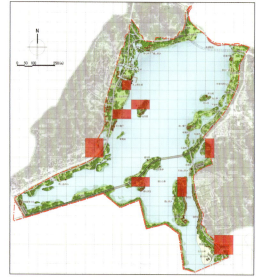
❖ 图2-9　杭州湘湖二期绿化提升工程南北岸规划总图

❖ 图2-10　杭州湘湖二期绿化提升工程游线结构图

总体设计方案图：面积100hm² 以上，比例尺多采用1：5000、1：2000；面积在10~100hm² 范围内，比例尺用1：1000；面积10hm² 以下，比例尺可用1：500。

杭州湘湖二期湖堤湖岸景观绿化工程总面积为277hm²（其中水面占172hm²），中央为湘湖二期水体，湘湖路贯穿其中。二期工程的定位是"着眼于湘湖整体保护与开发，并与湘湖保护与开发启动区块规划紧密结合，将湘湖二期保护与开发区规划称为以水域恢复为特征，集历史文化、生态观光、休闲度假于一体的具有典型景观特色的生态性旅游综合体"。

南岸共设湖山、眉山、云堤三区，一堤三岛，八个主要景点（其中两个已经建成）。一堤指湘湖东堤，沿东部山麓，连贯南北，其北称仰山坪，经湖山至石岩山，与云洲、青浦、眉山等湖中三岛若即若离、表里山河——承担主要机动车交通功能，并分隔东村落和滨湖风景带。三岛自北向南分别为云洲、青浦、眉山。新建的六个主要景点设置为：湖山真意、云洲敛翠、青浦问莼、菱湖寻芳、眉山听风、金沙嬉水。

1）湖山真意

湖山真意景点在中湘湖东岸北端，现状西接湘湖鱼种场，东依湖山山麓湖山村，区内均为大片农田，陆地总面积约为 $9hm^2$。本区设计需考虑湖山村和景区的隔离，配套湖山路交通等功能。

拟在平面上自西向东设三带：滨水游憩带、土山树林带、道旁功能带。

滨水游憩带宽50~100m，由北向南设仰山坪、徐家坞码头、湖山广场三部分。仰山坪是景点主体，形式上采用从湖山延伸而下至中湘湖的疏林草坪缓坡，采用草坡入水方式，突出植物景观，追求质朴自然的魅力。滨湖设"仰山乐水"亭作为风景点缀。徐家坞码头是本区重要的水上交通站点。湖山广场摒弃城市广场规则对称的方式，因高就低自然延伸，并在广场两侧和广场中穿插四季花木，注重彰显从山到水的自然之趣，成为本区主要中部人流集散地。土山树林带宽50~100m，南北蜿蜒东西延伸，与湖山山脉相呼应，在景观上成为湖山的有机衍生，构成负阴抱阳景观丰富的山麓景观。土山树林有效隔离湖山村对中湘湖的干扰，使中湘湖维持安静质朴的景观特色。道旁功能带宽20~50m，设公共厕所、生态停车场等，成为功能和景观的过渡区域。

2）云洲敛翠

云洲敛翠景点在中湘湖中段，现状东部为湖山山谷，面对湖山村，陆地面积约为 $4hm^2$。设计用复层山水手法排除湖山村干扰并创造丰富风景。从地形上说，此处位于湖山谷口，因此积沙成洲，并具有水生湿生植物生态之美。

设计在云洲南北端设桥，名云溪、花涧，说明此地地形地貌。又设芦荻花寮轩、廖汀花溆亭，欣赏洲旁浅水由花菖蒲、鸢尾、芦苇等构成的湿地景观。云洲和湖山路之间由一弯长河相隔，设沁芳、敛翠两桥，滨河种植繁华花木。

3）青浦问莼

青浦问莼景点在鸡笼山东侧，湖山路拐弯处，南部有保留的香樟树林，面积约为 $1.3hm^2$。设计拟在此保留部分农田，展现农业社会湘湖景观。

在问莼桥畔设湘湖一带农村常见的水边台阶，放置水车，保留部分农田。中间留出水面种植莼菜、菱角等，形成富具特色的水陆"作物花园"。北侧有小岛称"芳渚"，为南北长河结尾。

4）菱湖寻芳

菱湖寻芳景点在湘湖路与越王路交界位置东侧的菱形区块，东部与文蒲遗芳景点相邻，现状基地内有鸡笼山、苗圃地及零星池塘。设计时充分利用鸡笼山地形，山顶制高点建景宜亭可纵览山下，山下挖菱湖，使山环水绕，相映成趣。

湖面种植大量菱角，可泛舟采菱。此处驳岸边种植大量水仙表现植物景观主题，重现古时湘湖祭祀水仙神的风俗传统融入其景之中。上层配植榔榆、珊瑚朴、香樟等树形优美的乔木，营造密林植物空间。

5）眉山听风

眉山位于石岩山景区西侧，湘湖二期工程东南角。利用眉山较高的地势，形成一山岛，以两座廊桥、一座浮桥相连，桥下行船。内湖设置六组酒吧，根据江南水乡的建筑布局特征布置。利用原有两所砖厂的厂房改造成陶吧，让游人亲身体验砖瓦制作的过程和工艺。南端设置眉山餐厅。西面设置船埠。

为延续眉山砖厂的历史原貌，岛上植物景观营造以松树、杜鹃作为主景，渲染春季花海烂漫的植物景观；乔木应用金钱松、湿地松、无患子为主，传递金秋灿烂的丰收气息；商业街道建筑周边配置香樟、榉树等伞形树冠高大乔木，凸显场地悠久历史。空间营造上，岛屿南部两端设置密集树丛，岛屿中部结合地形，沿地形鞍部设置缓坡草坪。

6）金沙嬉水

景点在中湘湖南线最南端，基地现状为大片苗圃地、农田及部分建筑，南侧有水系环绕。设计以沙滩地为主，绿地面积较少。该场地以开展沙滩休闲活动为主，设置有水上自行车、沙滩车、排球场、室外淋浴、沙滩游泳池、沙雕区等活动场地，并设游客服务中心，满足餐饮、管理功能。

5. 地形设计图

地形是全园的骨架，要求能反映公园的地形结构（见图2-11）。以自然山水园而论，要求表达山体、水系的内在有机联系。根据分区需要进行空间组织；根据造景需要，确定山地的形体、制高点、山峰、山脉、山脊走向、丘陵起伏、缓坡、微地形以及坞、岗、岘、岬、岫等陆地造型。同时，地形还要表示出湖、池、潭、港、湾、涧、溪、滩、沟、渚以及堤、岛等水体造型，并要标明湖面的最高水位线、常水位线、最低水位线。此外，图上标明入水口、排水口的位置（总排水方向、水源及雨水聚散地）等。也要确定主要园林建筑所在地的地坪标高、桥面标高、广场高程，以及道路变坡点标高。还必须标明公园周围市政设施、马路、人行道以及与公园邻近单位的地坪标高，以便确定公园与周边环境之间的排水关系。

❖ 图 2-11 云西公园景观地形设计图

6. 道路总体设计图

首先，在图上确定公园的主要出入口、次要出入口与专用出入口。还有主要广场的位置及主要环路的位置，以及作为消防的通道。同时确定主干道、次干道等的位置以及各种路面的宽度、排水纵坡，并初步确定主要道路的路面材料、铺装形式等。图纸上用虚线画出等高线，再用不同的粗线、细线表示不同级别的道路及广场，并注明主要道路的控制标高。湘湖风景旅游区位于钱塘江三江交汇口的东侧，以湖域为中心，规划建成集历史文化、生态观光、休闲度假于一体的具有典型景观特色的生态性旅游综合体（见图 2-12）。

7. 种植设计图

根据总体设计图的布局、设计的原则，以及苗木的情况，确定全园的总构思。种植总体设计内容主要包括不同种植类型的安排，如密林、草坪、疏林、树群、树丛、孤立树、花坛、花境、园界树、园路树、湖岸树、园林种植小品等内容。还有以植物造景为主的专类园，如月季园、牡丹园、香花园、观叶观花园中园、盆景园、生产温室、爬蔓植物观赏园、水景园；公园内的花圃、小型苗圃等。同时，确定全园的基调树种、骨干造景树种，包括常绿、落叶的乔木、灌木、草花等（见图 2-13）。

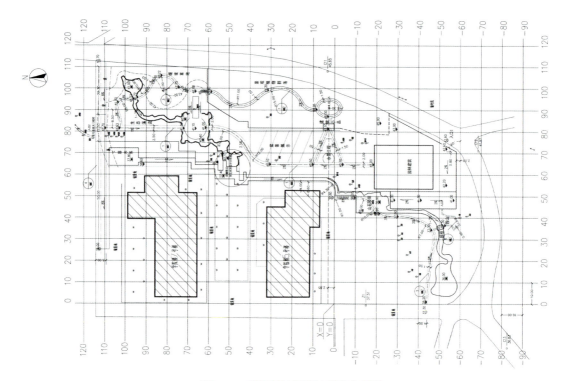

❖ 图 2-12　浙江某校园绿地道路定位图

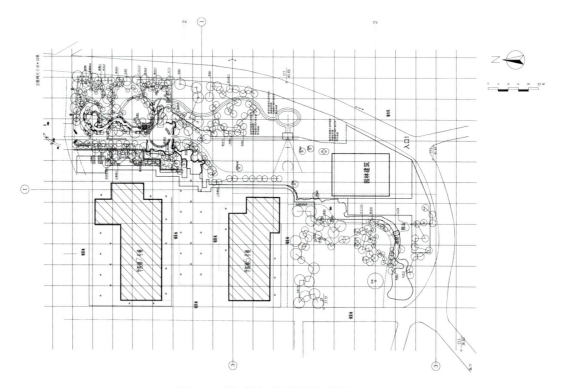

❖ 图 2-13　浙江某高校校园绿地种植设计平面图

8. 管线总体设计图

根据总体规划要求，解决全园的上水水源的引进方式，水的总用量（消防、生活、造景、喷灌、浇灌、卫生等）及管网的大致分布、管径大小、水压高低等，以及雨水、污水的水量、排放方式，管网大体分布，管径大小及水的去向等。大规模的工程，建筑量大。北方冬天需要供暖，则要考虑供暖方式、负荷多少、锅炉房的位置等。

9. 电气规划图

电气规划图能反映总用电量、用电利用系数、分区供电设施、配电方式、电缆的敷设以及各区各点的照明方式及广播、通信等的位置。

10. 园林建筑布局图

要求在平面图上反映全园总体设计中建筑在全园的布局，主要出入口、次要出入口、专用出入口的售票房、管理处、造景等各类园林建筑的平面造型。大型主体建筑，如展览性、娱乐性、服务性等建筑平面位置及周围关系；还有游览性园林建筑，如：亭、台、楼、阁、榭、桥、塔等类型建筑的平面安排。除平面布局外，还应画出主要建筑物的平面图、立面图（见图 2-14 和图 2-15）。

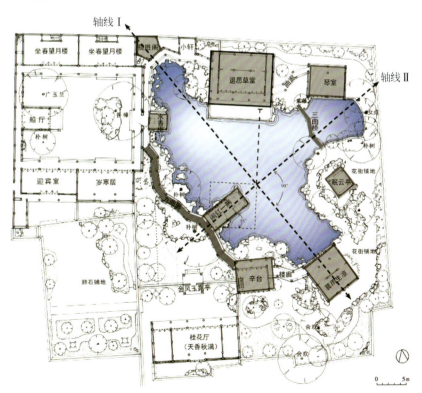

❖ 图 2-14 宅园平面布局分析

❖ 图 2-15　宅园建筑序列展开图

总体设计方案阶段，还要争取做到多方案的比较。不同的方案反映设计者的不同构思。

2.2.2　鸟瞰图

设计者通过钢笔画、铅笔画、钢笔淡彩、水彩画、水粉画、中国画或其他绘画形式表现，可以更直观地表达公园设计的意图，更直观地表现公园设计中各景点、景物以及景区的景观形象。（见图2-16）鸟瞰图制作要点如下。

（1）无论采用一点透视、二点透视或多点透视、轴测画，都要求鸟瞰图在尺度、比例上尽可能准确反映景物的形象。

（2）鸟瞰图除表现公园本身，还要画出周围环境，如公园周围的道路交通等市政关系，公园周围城市景观，公园周围的山体、水系等。

（3）鸟瞰图应注意"近大远小、近清楚远模糊、近写实远写意"的透视法原则，以达到鸟瞰图的空间感、层次感、真实感。

（4）除了大型公共建筑，一般情况，城市公园内的园林建筑和树木比较，树木不宜太小，以15~20年树龄的高度为画图的依据。

❖ 图 2-16　杭州湘湖二期绿化提升工程南北岸景观鸟瞰图

2.2.3 总体设计说明书

总体设计方案除了图纸外,还要求有一份文字说明,全面地介绍设计者的构思、设计要点等内容,具体包括以下几个方面。

(1)位置、现状、面积。
(2)工程性质、设计原则。
(3)功能分区。
(4)设计主要内容(山体地形、空间围合,湖池、堤岛水系网络,出入口、道路系统、建筑布局、种植规划、园林小品等)。
(5)管线、电信规划说明。
(6)管理机构。

2.2.4 工程总匡算

在规划方案阶段,可按面积(hm^2、m^2),根据设计内容和工程复杂程度,结合常规经验匡算。或按工程项目、工程量,分项估算再汇总。

2.3 局部详细设计阶段

在上述总体设计阶段,有时甲方要求进行多方案的比较或征集方案投标。经甲方和有关部门审定,认可并对方案提出新的意见和要求,有时总体设计方案还要做进一步的修改和补充。在总体设计方案确定以后,接着就要进行局部详细设计工作,如图2-17~图2-20所示。

❖ 图2-17 宁波植物园游艇中心局部平面图

❖ 图2-18 宁波植物园游艇中心鸟瞰图

① 阔叶树木园
② 庭院植物造景园
③ 公园植物造景园
④ 松杉植物园
⑤ 草坪
⑥ 抗污专类园
⑦ 乡土景观风貌园
⑧ 农作物专类园
⑨ 花桥
⑩ 儿童植物园
⑪ 抗污水生植物园
⑫ 园区入口应用花卉展示

❖ 图 2-19　宁波植物园植物展示区局部平面图

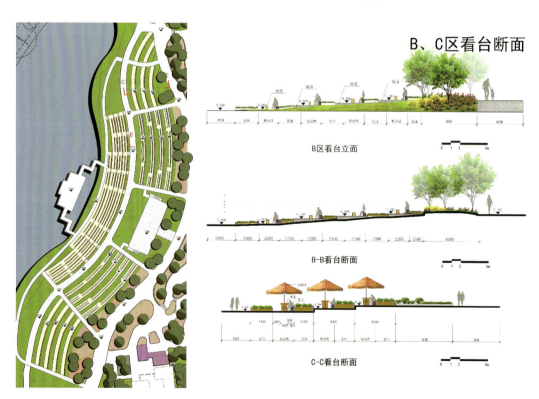

❖ 图 2-20　杭州湘湖二期湖山广场看台局部平面图、断面图

局部详细设计工作主要内容如下。

2.3.1 平面图

首先，根据公园或工程的不同分区，划分若干局部，每个局部根据总体设计的要求，进行局部详细设计。一般比例尺为1∶500，等高线距离为0.5m，用不同等级粗细的线条，画出等高线、园路、广场、建筑、水池、湖面、驳岸、树林、草地、灌木丛、花坛、花卉、山石、雕塑等。

详细设计平面图要求标明建筑平面、标高及与周围环境的关系；道路的宽度、形式、标高；主要广场、地坪的形式、标高；花坛、水池面积大小和标高；驳岸的形式、宽度、标高。

同时平面上表明雕塑、园林小品的造型。

2.3.2 横纵剖面图

为更好地表达设计意图，在局部艺术布局最重要部分，或局部地形变化部分，做出断面图，一般比例尺为1∶200和1∶500。

2.3.3 局部种植设计图

在总体设计方案确定后，着手进行局部景区、景点的详细设计的同时，要进行1∶500的种植设计工作。一般1∶500比例尺的图纸上，能较准确地反映乔木的种植点、栽植数量、树种。树的种植方式主要包括密林、疏林、树群、树丛、园路树、湖岸树等。其他种植类型，如花坛、花境、水生植物、灌木丛、草坪等的种植设计图可选用1∶300比例尺，或1∶200比例尺，见图2-21。

2.3.4 施工设计图

在完成局部详细设计的基础上，才能着手进行施工设计。

1. 图纸规范

图纸要尽量符合《建筑制图标准》的规定。图纸尺寸如下：0号图841mm×1189mm、1号图594mm×841mm、2号图420mm×594mm、3号图297mm×420mm、4号图210m×297mm。4号图不得加长，如果要加长图纸，只允许加长图纸的长边，特殊情况下，允许加长1~3号图纸的长度、宽度，0号图纸只能加长长边，加长部分的尺寸应为边长的1/8及其倍数。

2. 施工设计平面的坐标网及基点、基线

一般图纸均应明确画出设计项目范围，画出坐标网及基点、基线的位置，以便作为施

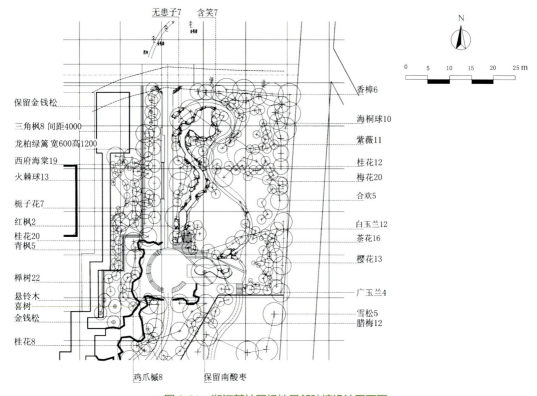

❖ 图 2-21 浙江某校园绿地局部种植设计平面图

工放线之依据，见图 2-22。基点、基线的确定应以地形图上的坐标线或现状图上工地的坐标据点，或现状建筑屋角、墙面、或构筑物、道路等为依据，必须纵横垂直。一般坐标网依图面大小每 10m 或 20m、50m 的距离，从基点、基线向上、下、左、右延伸，形成坐标网，并标明纵横标的字母，一般用 A、B、C、D…和对应的 A'、B'、C'、D'…英文字母，阿拉伯数字 1、2、3、4…和对应的 1'、2'、3'、4'…，从基点 0、0' 坐标点开始，以确定每个方格网交点的纵横数字所确定的坐标，作为施工放线的依据。

3. 施工图纸要求的内容

图纸要注明图头、图例、指北针、比例尺、标题栏及简要的图纸设计内容的说明。图纸要求字迹清楚、整齐，不得潦草；图面清晰、整洁，图线要求分清粗实线、中实线、细实线、点划线、折断线等线型，并准确表达对象。图纸上文字、阿拉伯数字最好用打印字剪贴复印。

4. 施工放线总图

施工放线总图主要用于表明各设计因素之间具体的平面关系和准确位置。图纸内容如下。
保留利用的建筑物、构筑物、树木、地下管线等。
设计的地形等高线、标高点、水体、驳岸、山石、建筑物、构筑物的位置，道路、广场、桥梁、涵洞、树种设计的种植点、园灯、园椅、雕塑等全园设计内容。

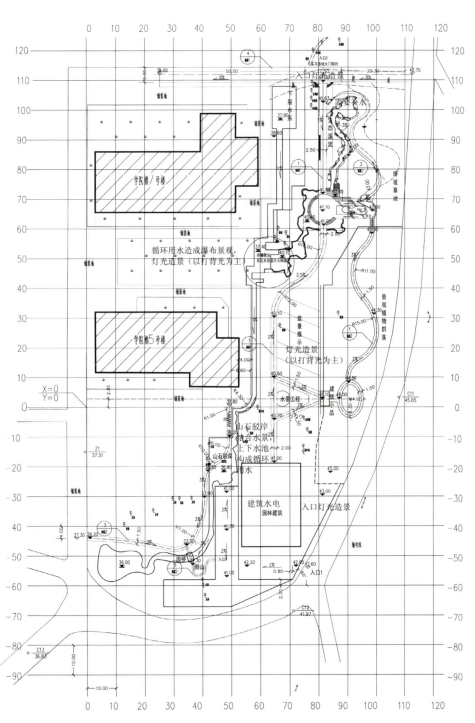

❖ 图 2-22　浙江某校园绿地方案定位图

5. 地形设计总图

地形设计主要内容：平面图上应确定制高点、山峰、台地、丘陵、缓坡、平地、微地形、丘阜、坞、岛及湖、池、溪流等岸边、池底等的具体高程，以及入水口、出水口的标高。此外，还应有各区的排水方向、雨水汇集点及各景区园林建筑、广场的具体高程。一般草地最小坡度为1%，最大不得超过33%，最适坡度在1.5%~10%，人工剪草机修剪的草坪坡度不应大于25%，一般绿地缓坡坡度在8%~12%，见图2-23和图2-24。

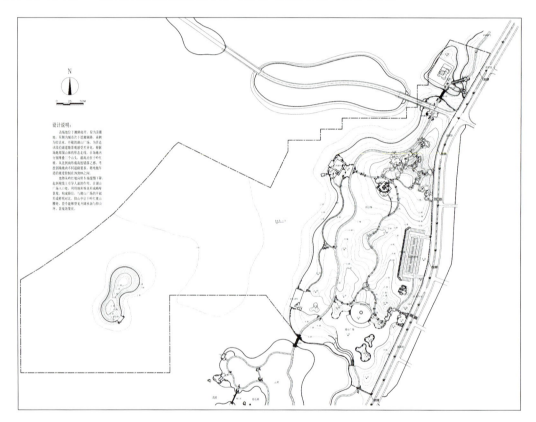

❖ 图 2-23　杭州湘湖二期湖山真意景区地形设计学生作业

地形设计平面图还应包括地形改造过程中的填方、挖方内容。在图纸上应写出全园的挖方、填方数量，说明应进园土方或运出土方的数量及挖土、填土之间土方调配的运送方向和数量。一般力求全园挖土、填土方取得平衡。

除了平面图，还要求画出剖面图。主要部位山形、丘陵、坡地的轮廓线及高度、平面距离等。要注明剖面的起讫点、编号，以便与平面图配套。

6. 水系设计

除了陆地上的地形设计，水系设计也是十分重要的组成部分。平面图应表明水体的平面位置、形状、大小、类型、深浅以及工程设计要求，见图2-25和图2-26。

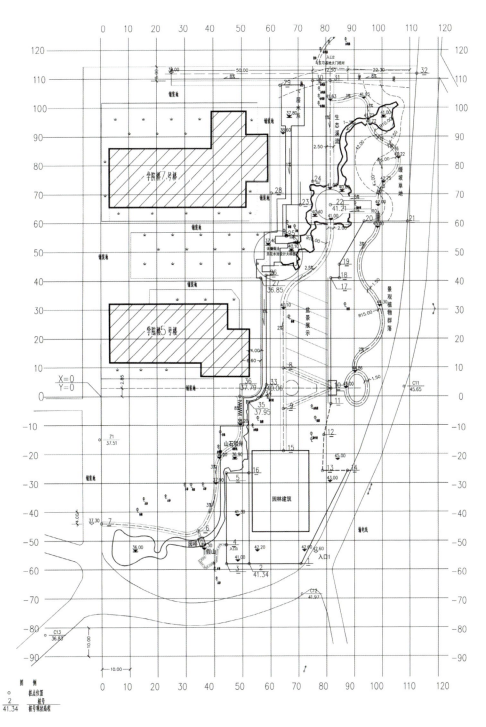

❖ 图 2-24　浙江某高校校园绿地桩号位置图

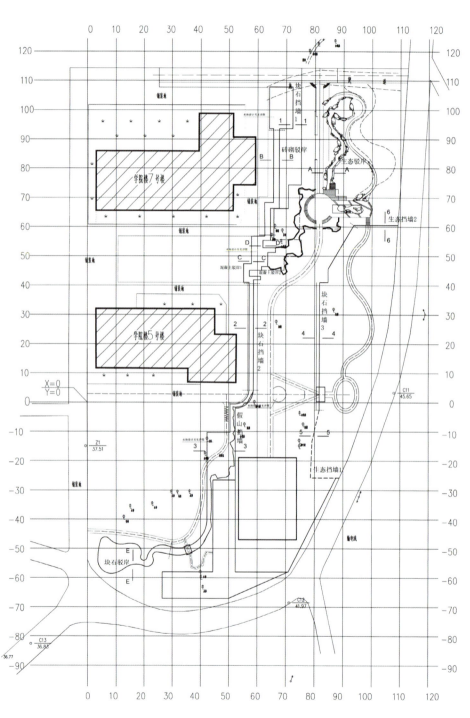

❖ 图 2-25　浙江某高校校园绿地驳岸设计总图

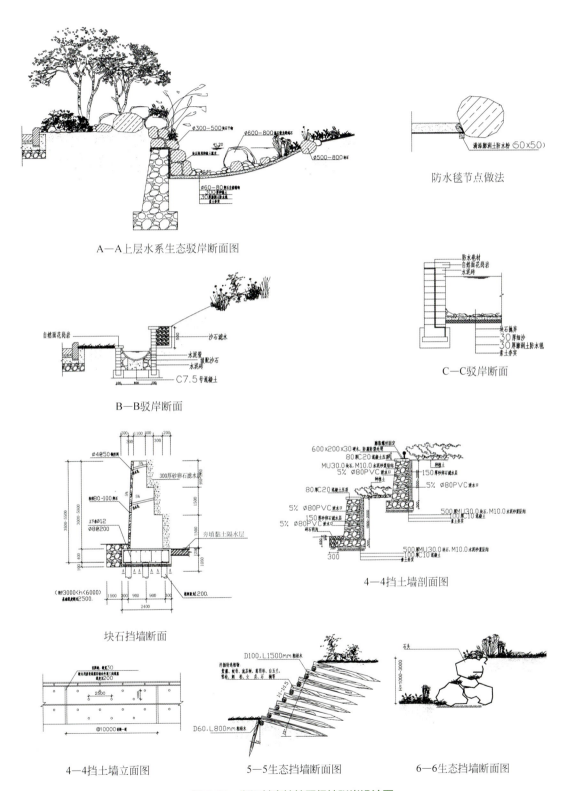

❖ 图 2-26 浙江某高校校园绿地驳岸设计图

首先，应完成进水口、溢水口或泄水口的大样图。然后，从全园的总体设计对水系的要求考虑，画出主、次湖面、堤、岛、驳岸造型，溪流、泉水等水体附属物的平面位置，以及水池循环管道的平面图。纵剖面图要表示出水体驳岸、池底、山石、汀步、堤、岛等工程做法图。

7. 道路、广场设计

平面图要根据道路系统的总体设计，在施工总图的基础上，画出各种道路、广场、地坪、台阶、盘山道、山路、汀步、道桥等的位置，并注明每段的高程、纵坡、横坡的数字。一般园路分主路、支路和次路3级。园路最低宽度为0.9m，主路一般为5m，支路为2~3.5m。国际康复协会规定残疾人使用的坡道最大纵坡为8.33%，所以，主路纵度上限为8%。山地公园主路纵坡应小于12%。支路和次路，日本园路最大纵坡15%，郊游路33.3%。综合各种坡度，《公园设计规范》（GB 51192—2016）规定，支路和次路纵坡宜小于18%，超过18%的纵坡，宜设台阶、梯道；通行机动车的园路宽度应大于4m，转弯半径不得小于12m。一般室外台阶比较舒适高度为12cm，宽度为30cm。

一般混凝土路面纵坡为0.3%~5%、横坡为1.5%~2.5%，园石或拳石路面纵坡为0.5%~9%、横坡为3%~4%，天然土路纵坡为0.5%~8%、横坡为3%~4%。

除了平面图，还要求用1∶20的比例绘出剖面图，主要表示各种路面、山路、台阶的宽度，标出坡度及其材料、道路的结构层（面层、垫层、基层等）厚度做法。注意每个剖面都要编号，并与平面配套。

8. 园林建筑设计

要求包括建筑的平面设计（反映建筑的平面位置、朝向、周围环境的关系）、建筑底层平面、建筑各方向的剖面、屋顶平面、必要的大样图、建筑结构图等。

9. 植物配置

种植设计图上应表现树木花草的种植位置、品种、种植类型、种植距离，以及水生植物等内容。应画出常绿乔木、落叶乔木、常绿灌木、开花灌木、绿篱、花篱、草地、花卉等具体的位置、品种、数量、种植方式等。

植物配置图的比例尺，一般采用1∶500、1∶300、1∶200，根据具体情况而定。大样图可用1∶100的比例尺，以便准确地表示出重点景点的设计内容。

10. 假山及园林小品

假山及园林小品（如园林雕塑等）也是园林造景中的重要因素。一般最好做成山石施工模型或雕塑小样，便于施工过程中理想地体现设计意图。在园林设计中，主要提出设计意图、高度、体量、造型构思、色彩等内容，以便于与其他行业相配合。

11. 管线及电信设计

在管线规划图的基础上，表现出上水（造景、绿化、生活、卫生、消防）、下水（雨水、污水）、暖气、煤气等，应按市政设计部门的具体规定和要求正规出图。主要注明每段管线的长度、管径、高程及如何接头，同时注明管线及各种井的具体位置。在电气规划图中将各种电气设备、（绿化）灯具位置、变电室及电缆走向等具体标明。

12. 设计概算

土建部分：可按项目估价，算出汇总价；或按市政工程预算定额中，园林附属工程定额计算。绿化部分：可按基本建设材料预算价格中苗木单价表及建筑安装工程预算定额的园林绿化工程定额计算。

1. 项目信息资料的获取与分析

获取项目相关的图纸资料，与甲方沟通了解设计要求。查阅上位规划及相关规范，如《公园设计规范》《风景名胜区规划规范》《城市绿地设计规范》《城市用地竖向规划规范》等。进行现场勘查和测绘，对所收集的资料进行整理和分析，借助图表等完善分析和表达。分析梳理场地现状与需求间的主要矛盾，了解场地的限制和可能性，明确设计宗旨、拟定方案主题、制定设计准则并对主要问题提出解决策略，因地制宜对场地进行初步的分区规划、节点设置等。与甲方协商，修改完善方案设想，在此过程中注意场地资料的反复挖掘和研究，在整理分析的过程中逐步生成方案。

2. 方案的构思与生成

将已确定的主题与场地规划转译为风景园林的设计语言，组织风景园林的设计要素，形成一系列不同类型静态空间和起承转合的动态序列，进一步确定和完善景区、景点及游览路线的布置，见图2-27和图2-28。

本项目作为南岸景观中的一部分，应考虑地块在整体设计中所承担的功能。分析过程及设计理念如下。

杭州湘湖二期整体的设计理念包括：休闲度假，大众的休闲旅游景区；自然生态，以湖为心，山岳环之的风景特征；历史文化，具有生活历史积淀和浓郁文化气息的山水游赏空间；结合生境建设——是设计结合场地实际、体现人文生态特色的范例。而南岸部分，三岛呈现不同的风格，云洲强调质朴自然的生态，青浦重在体现本地农业人文，眉山注重休闲功能。根据场地现有特征，将新建六个主要景点（见图2-29和图2-30）又以山、水、植物、建筑等不同的风景园林要素为主题，具有各异的景观风格，使游客游览体验丰富多彩。

场地南北两侧分别接启动区块及三期建设的水面，用地东西两侧被狮子山、湖山、石岩山、

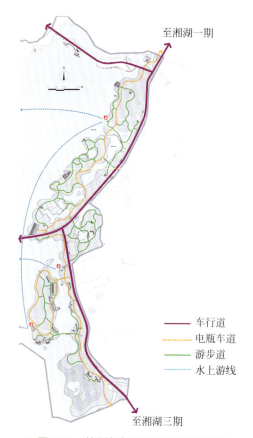

❖ 图 2-27　杭州湘湖二期南岸总平面图　　❖ 图 2-28　杭州湘湖二期南岸交通分析图

老虎洞等南北向山丘交夹，基本为山麓滨水区域。地形设计时考虑场地与外围大体的湖山格局相呼应，使其山坡绵延起伏、俯仰皆景，其水系蜿蜒曲折、旷以至远（见图 2-31 和图 2-32）。

3. 方案的表达

好的方案需要好的表达方式。优秀的方案设计表达可以促使方案最大限度地被业主所接受，而清晰准确的工程图纸绘制则会帮助施工人员将设计的方案更好地付诸实践。

（1）利用 AutoCAD 绘制方案平面图，在此基础上可以完成多张设计图纸的绘制，见图 2-29～图 2-34。

（2）在 AutoCAD 方案平面图的基础上完成各种分析图和效果图的绘制，使方案更加

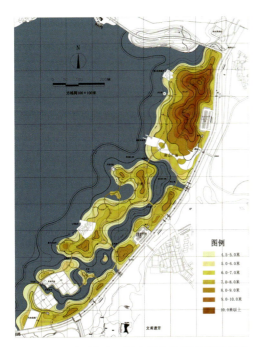

❖ 图 2-29　杭州湘湖二期南岸南北段地形设计图 1

❖ 图 2-30　杭州湘湖二期南岸南北段地形设计图 2

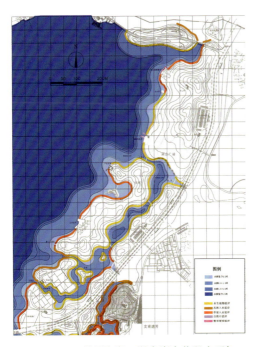

❖ 图 2-31　杭州湘湖二期南岸南北段水系与驳岸设计图 1

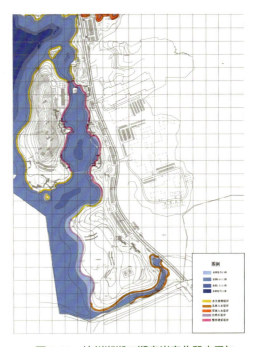

❖ 图 2-32　杭州湘湖二期南岸南北段水系与驳岸设计图 2

清晰和明确。运用手绘表现技法，用 Sketchup、AutoCAD、3D Max 建模、用 Photoshop 后期处理绘制出景观节点的效果图。

（3）使用 AutoCAD 完成施工图的绘制（见图 2-33～图 2-37）。

❖ 图 2-33 园路施工设计图

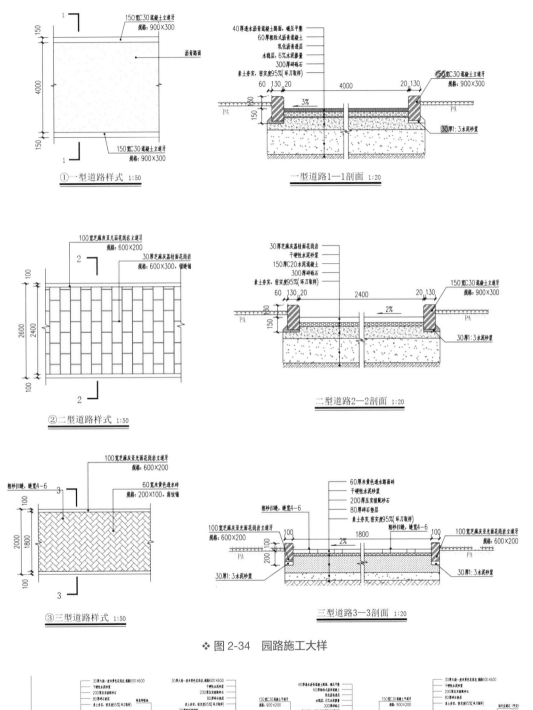

❖ 图 2-34 园路施工大样

❖ 图 2-35 园路结构与材料剖面

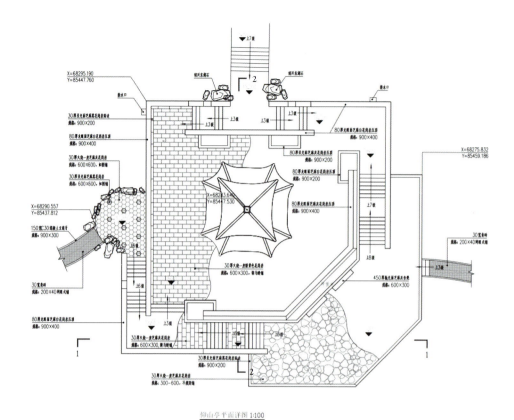

❖ 图 2-36 节点扩初平面图

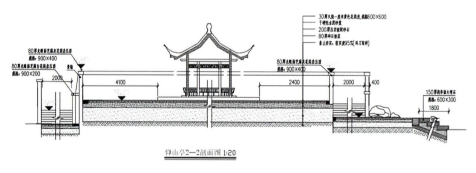

❖ 图 2-37 节点扩初立面图

请根据某园林项目整套设计图纸和设计说明，分析该地设计的基本设计步骤，以及总体设计阶段和局部详细设计阶段包含的相关内容。

项目 2 知识拓展

项目 3　城市广场景观设计

学习目标

【知识目标】

(1) 了解城市广场的定义、类型和现代城市广场的基本特点。

(2) 掌握广场规划设计的基本原则、现代广场的空间设计。

【技能目标】

(1) 能够对项目进行具体调查分析。

(2) 能够应用设计的方法对项目进行具体设计和构图。

(3) 能够合理运用植物材料对广场进行植物种植设计。

(4) 能够运用绘图的表现技法进行绘图表达。

工作任务

任务提出

如图 3-1 所示为黑龙江省嘉荫县朝阳广场的基地现状照片和基地现状图，图中绿色的

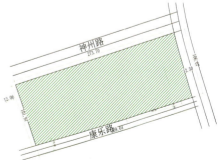

(a) 嘉荫县朝阳广场的基地现状照片　　　　(b) 嘉荫县朝阳广场的基地现状图

❖ 图 3-1　嘉荫县朝阳广场的基地现状

区域为规划设计区域。根据园林设计的原理、方法以及功能要求，结合该基地的具体信息，对该广场进行设计。

任务分析

在了解朝阳广场设计原则和广场的历史文化、景观资源的基础上，以及了解委托方对项目的要求后，分析各种因素对基地的影响。在对项目进行研究及分析的基础上，根据朝阳广场的特点，对广场进行设计构思，最终完成对该广场的设计。

任务要求

（1）了解委托方的要求，掌握该广场概况等基地信息。
（2）灵活运用园林设计的基本方法，构图新颖，布局合理。
（3）表达清晰，立意明确，图纸绘制规范。
（4）完成该广场的分析图、设计平面图、局部效果图、整体鸟瞰图等相关图纸。

现代城市广场的定义是随着人们需求和文明程度的发展而变化的，是现代城市开放空间体系中最具公共性、最具艺术性、最具活力、最能体现都市文化和文明开放空间，有着城市"起居室"和"客厅"的美誉。

3.1　城市广场的定义

广场是由城市功能上的要求而设置的，是供人们活动的空间。城市广场通常是城市居民社会活动的中心，广场上可组织集会、交通集散、组织居民游览休息、组织商业贸易的交流等。

城市中由建筑、道路或绿化地带围绕而成的开敞空间，是城市公众社区生活的中心。广场又是集中反映历史文化和艺术面貌的建筑空间。

现代城市广场的概念：以城市历史文化为背景，以城市道路为纽带，由建筑、道路、植物、水体、地形等围合而成的城市开敞空间，是经过艺术加工的多景观、多效益的城市社会生活场所。

3.2 现代城市广场的类型及特点

现代城市广场的类型通常是按广场的功能性质、尺度关系、空间形态、材料构成、平面组合和剖面形式等方面划分的，其中最为常见的是根据广场的功能性质来进行分类。

3.2.1 市政广场

市政广场一般位于城市中心位置，通常是市政府、城市行政区中心、老行政区中心和行政厅所在地。它往往布置在城市主轴线上，成为一个城市的象征。在市政广场上，常有表现该城市特点或代表该城市形象的重要建筑物或大型雕塑等，如图 3-2 和图 3-3 所示。

❖ 图 3-2　某市政广场设计 1

❖ 图 3-3　某市政广场设计 2

市政广场应具有良好的可达性和流通性，故车流量较大。为了合理有效地解决好人流、车流问题，有时甚至用立体交通方式，如地面层安排步行区，地下安排车行、停车等，实现人车分流。市政广场一般面积较大，为了让大量的人群在广场上有自由活动、节日庆典的空间，一般多用硬质材料铺装为主，如北京天安门广场、莫斯科红场等。也有以软质材料绿化为主的，如美国华盛顿市中心广场，其整个广场如同一个大型公园，配以座凳等小品，把人引入绿化环境中去休闲、游赏。市政广场布局形式一般较为规则，甚至是中轴对称的。标志性建筑物常位于轴线上，其他建筑及小品对称或对应布局，广场中一般不安排娱乐性、商业性很强的设施和建筑，以保持广场稳重、严整的气氛。

3.2.2　纪念广场

城市纪念广场题材非常广泛，涉及面很广，可以是纪念人物，也可以是纪念事件。通常广场中心或轴线以纪念雕塑（或雕像）、纪念碑（或柱）、纪念建筑或其他形式纪念物为标志，主体标志物应位于整个广场构图的中心位置。纪念广场有时也与政治广场、集会广场合并设置为一体，如北京天安门广场。

纪念广场的大小没有严格限制，只要能达到纪念效果即可。因为通常要容纳众人举行缅怀纪念活动，所以应考虑广场中具有相对完整的硬质铺装地，而且与主要纪念标志物（或纪念对象）保持良好的视线或轴线关系，如哈尔滨防汛纪念塔广场、上海鲁迅墓广场等（见图 3-4）。

❖ 图 3-4　某纪念广场设计

纪念广场的选址应远离商业区、娱乐区等，禁止交通车辆在广场内穿行，以免对广场造成干扰，并注意突出严肃深刻的文化内涵和纪念主题。宁静和谐的环境气氛会使广场的纪念效果大大增强。由于纪念广场一般使用时间很长，所以纪念广场的选址和设计都应紧密结合城市总体规划统一考虑。

3.2.3 交通广场

交通广场主要目的是有效地组织城市交通，包括人流、车流等，是城市交通体系中的有机组成部分。它是连接交通的枢纽，起交通集散、联系、过渡及停车的作用，通常分两类：一类是城市内外交通会合处，主要起交通转换作用，如火车站、长途汽车站前广场（即站前交通广场）；另一类是城市干道交叉口处交通广场（即环岛交通广场）。

（1）站前交通广场是城市对外交通或者是城市区域间的交通转换地，设计时广场的规模与转换交通量有关，包括机动车、非机动车、人流量等，广场要有足够的行车面积、停车面积和行人场地。对外交通的站前交通广场往往是一个城市的入口，其位置一般比较重要，很可能是一个城市或城市区域的轴线端点，广场的空间形态应尽量与周围环境相协调，体现城市风貌，使过往旅客使用舒适，印象深刻。

（2）环岛交通广场地处道路交汇处，尤其是四条以上的道路交汇处，以圆形居多，三条道交汇处常常呈三角形（顶端抹角）。环岛交通广场的位置重要，通常处于城市的轴线上，是城市景观、城市风貌的重要组成部分，形成城市道路的风景。一般以绿化为主，应有利于交通组织和司乘人员的动态观赏，同时广场上往往还设有城市标志性建筑或小品（喷泉、雕塑等），西安市的钟楼、法国巴黎的凯旋门都是环岛交通广场上的重要标志性建筑。

3.2.4 休闲广场

在现代社会中，休闲广场已成为广大市民喜爱的重要户外活动空间。它是供市民休息、娱乐、游玩、交流等活动的重要场所，其位置常常选择在人口较密集的地方，以方便市民使用为目的，如街道旁、市中心区、商业区甚至居住区内。休闲广场的布局不像市政广场和纪念性广场那样严肃，往往灵活多变，空间多样自由，但一般与环境结合很紧密。广场的规模可大可小，没有具体的规定，主要根据现状环境来考虑。

休闲广场以让人轻松愉快为目的，因此广场尺度、空间形态、环境小品、绿化、休闲设施等都应符合人的行为规律和人体尺度要求。广场整体主题一般是不确定的，甚至没有明确的中心主题，而每个小空间环境的主题、功能是明确的，每个小空间的联系是方便的。总之，休闲广场以舒适方便为目的，让人乐在其中，如图3-5所示。

❖ 图 3-5　某休闲广场设计

3.2.5　文化广场

　　文化广场是为了展示城市深厚的文化积淀和悠久历史，经过深入挖掘整理，从而以多种形式在广场上集中地表现出来，因此文化广场应有明确的主题，与休闲广场无须主题正好相反，文化广场可以说是城市的室外文化展览馆，如图 3-6 所示。一个好的文化广场应

❖ 图 3-6　某文化广场设计

让人们在休闲中了解该城市的文化渊源，从而达到热爱城市、激发上进精神的目的。文化广场的选址没有固定模式，一般选择在交通比较方便、人口相对稠密的地段，还可考虑与集中公共绿地相结合，甚至可结合旧城改造进行选址。其规划设计不像纪念广场那样严谨，更不一定需要有明显的中轴线，可以完全根据场地环境、表现内容和城市布局等因素进行灵活设计，如邯郸市的学步桥广场。学步桥广场在广场空间中安排了"邯郸学步"景区、"典故小品"景区、"成语石刻"景区以及"望桥亭"景区；构思上以古赵历史文化为主线，以学步桥为中心，挖掘历史，展现古赵文化丰富内涵；将成语典故、民间传说及重要历史事件融入其中，精心构思、刻意处理，从而烘托文化氛围，延伸意境。

3.2.6 古迹（古建筑等）广场

古迹广场是结合城市的遗存古迹保护和利用而设的城市广场，生动地代表了一个城市的古老文明程度。可根据古迹的体量高矮，结合城市改造和城市规划要求来确定其面积大小。古迹广场是表现古迹的舞台，所以其规划设计应从古迹出发组织景观。如果古迹是一幢古建筑，如古城楼、古城门等，则应在有效地组织人车交通的同时，让游客在广场上逗留时能多角度地欣赏古建筑，登上古建筑又能很好地俯视广场全景和城市景观。如南京市汉中门广场，它是在南京汉中门遗址的基础上加以改建形成的。

3.2.7 宗教广场

我国许多城市有宗教建筑群。一般宗教建筑群内部设有适合该教活动和表现该教教意的内部广场。而在宗教建筑群外部，尤其是入口处一般都设置了供信徒和游客集散、交流、休息的广场空间，同时也是城市开放空间的一个组合部分。其规划设计首先应结合城市景观环境整体布局，不应喧宾夺主、重点表现。宗教广场设计应该以满足宗教活动为主，尤其要表现出宗教文化氛围和宗教建筑美，通常有明显的轴线关系，景物也是对称（或对应）布局，广场上的小品以与宗教相关的饰物为主。

3.2.8 商业广场

商业功能可以说是城市广场最古老的功能，也是城市广场最古老的类型。商业广场的形态空间和规划布局没有固定的模式可言，它总是根据城市道路、人流、物流、建筑环境等因素进行设计的，可谓"有法无式""随形就势"。但是商业广场必须与其环境相融、功能相符、交通组织合理，同时商业广场应充分考虑人们购物休闲的需要。例如交往空间的创造、休息设施的安排和适当的绿化等。商业广场是为商业活动提供综合服务的功能场所。传统的商业广场一般位于城市商业街内或者是商业中心区，而当今的商业广场通常与城市商业步行系统相融合，有时是商业中心的核心，如上海市南京路步行街中的广场。此外，还有集市性的露天商业广场，这类商业广场的功能分区是很重要的，一般将同类商品的摊位、摊点相对集中布置在一个功能区内。

以上是按广场的主要功能性质为依据进行分类的，就广场主题而言，一般市政广场、纪念广场、文化广场、古迹广场、宗教广场相对比较明确，而交通广场、休闲广场、商业广场等不是那么明确，只是有所侧重而已。

当然，现代城市广场分类还可以按尺度关系、空间形态、材料构成、广场平面形式、广场剖面形式等作为分类依据。

3.3 现代城市广场的基本特点

3.3.1 性质上的公共性

现代城市广场作为现代城市户外公共空间系统中的一个重要组成部分，首先应具有公共性的特点。随着工作、生活节奏的加快，传统封闭的文化习俗逐渐被现代文明开放的精神所代替，人们越来越喜欢丰富多彩的户外活动。在广场活动的人们不论其身份、年龄、性别有何差异，都具有平等的游憩和交往氛围。现代城市广场要求有方便的对外交通，这正是满足公共性特点的具体表现。

3.3.2 功能上的综合性

功能上的综合性特点表现在多种人群的多种活动需求，它是广场产生活力的最原始动力，也是广场在城市公共空间中最具魅力的原因所在。现代城市广场应满足的是现代人户外多种活动的功能要求。年轻人聚会、老人晨练、歌舞表演、综艺活动、休闲购物等，都是过去以单一功能为主的专用广场所无法满足的，取而代之的必然是能满足不同年龄、性别人群的多种功能需要，具有综合功能的现代城市广场。

3.3.3 空间场所上的多样性

现代城市广场功能上的综合性，必然要求其内部空间场所具有多样性的特点，以达到不同功能实现的目的。如歌舞表演需要有相对完整的空间，给表演者的"舞台"可下沉或升高；情人约会需要有相对郁闭私密的空间；儿童游戏需要有相对独立的空间等。综合性功能如果没有多样性的空间创造与之匹配，是无法实现的。场所感是在广场空间、周围环境与文化氛围相互作用下，使人产生归属感、安全感和认同感。这种场所感的建立是对人莫大的安慰，也是现代城市广场场所方面的多样性特点的深化。

3.3.4 文化休闲性

现代城市广场作为城市的"客厅"或城市的"起居室"，是反映现代城市居民生活方式的"窗口"，注重舒适、追求放松是人们对现代城市广场的普遍要求，从而表现出休闲性特点。广场上精美的铺地、舒适的座椅、精巧的建筑小品加上丰富的绿化，让人徜徉其中流连忘返，忘却了工作和生活的烦恼，尽情地欣赏美景、享受生活。

现代城市广场是现代人开放型文化意识的展示场所，是自我价值实现的舞台。特别是文化广场，表现活动除了有组织的演出活动外，更多是自发的、自娱自乐的行为，它体现了文化广场的开放性，满足了表演者的表演需求，对广场活动气氛也是很好的提升。我国城市广场中单独的自我表演不多，但自发的群体表演却很盛行，例如，活跃在城市广场上的"老年合唱团""曲艺表演团""秧歌队"等。

现代广场的文化性特点，主要表现在两个方面：①现代城市广场对城市已有的历史、文化进行反映；②现代城市广场也对现代人的文化观念进行创新，即现代城市广场是当地自然和人文背景下的创作作品，又是创造新文化、新观念的手段和场所，是一个以文化造广场，又以广场造文化的双向互动过程。

3.4 广场规划设计的基本原则

3.4.1 系统性原则

现代城市广场在城市中的区位及其功能、性质、规模、类型等都应有所区别，各自有所侧重。但对一个城市来说，多个城市广场需要相互配合，共同形成城市开放空间体系中的有机组成部分。因此，城市广场必须在城市空间环境体系中进行系统分布，整体把握，做到统一规划、统一布局。

3.4.2 完整性原则

城市广场的完整性包括功能的完整和环境的完整两个方面。功能的完整是指一个广场应有相对明确的功能，要主次分明，特别是休闲广场同交通广场不要混淆在一起。环境完整性主要考虑广场环境的历史背景、文化内涵、时空连续性与周边建筑相协调。

3.4.3 尺度适配原则

尺度适配原则是根据广场不同使用功能和主题要求，确定广场合适的规模和尺度。例如政治性广场的规模与尺度较大，形态较规整；而市民广场规模与尺度较小，形态较灵活。

3.4.4 生态性原则

广场是整个城市开放空间体系中的一部分，它与整个生态环境联系紧密。一方面，其规划的绿地中花草树木应与当地特定的生态条件和景观特点（如"市树""市花"）相吻合；另一方面，广场设计要充分考虑本身的生态合理性，如阳光、植物、风向和水面等，做到趋利避害。

由于过去的广场设计只注重硬质景观效果，大而空，植物仅仅作为点缀、装饰，甚至没有绿化，疏远了人与自然的关系，缺少与自然生态的紧密结合。因此，现代城市广场设计应从城市生态环境的整体出发，一方面应运用园林设计的方法，通过融入、嵌入、微缩、美化和象征等手段，在点、线、面不同层次的空间领域中，引入自然，并与当地特定的生态条件和景观特点相适应，使人们在有限的空间中，领略和体会自然带来的自由、清新和愉悦。另一方面，城市广场设计应特别强调其小环境的生态合理性，既要有充足的阳光，又要有足够的绿化，冬暖夏凉，为居民的各种活动创造宜人的生态环境。

3.4.5 多样性原则

现代城市广场应有一定的主导功能，可以具有多样化的空间表现形式和特点。由于广场是人们共享城市文明的舞台，它既是反映作为群体的人的需要，也要综合兼顾特殊人群（如残疾人）的使用要求。同时，服务于广场的设施和建筑功能亦应多样化，将纪念性、艺术性、娱乐性和休闲性融为一体。

3.4.6 步行化原则

步行化是现代城市广场的主要特征之一，也是城市广场的共享性和良好环境形成的必要前提。广场空间和各因素的组织应该支持人的行为，如保证广场活动与周边建筑及城市设施使用的连续性。在大型广场，还可根据不同使用功能和主题考虑步行分区问题。随着机动车日益剧增，适当留出步行空间显得更为重要。

3.4.7 文化性原则

城市广场作为城市开放空间体系中艺术处理的精华，通常是城市历史风貌、文化内涵集中体现的场所。其设计既要尊重传统、延续历史、文脉相承，又要有所创新、有所发展，这就是继承和创新有机结合的文化性原则。

城市广场是人们对过去的怀念，而人们的社会文化价值观念又是随着时代的发展而变化的。一部分落后的东西不断地被抛弃，一部分有价值的文化被积淀下来，融入人们生活的方方面面。城市广场作为人们生活中室外活动的场所，对文化价值的追求是十分正常的。文化性的展现或以浓郁的历史背景为依托，使人在闲暇徜徉中获得知识，了解城市过去曾有过的辉煌，如南京汉中门广场以古城城堡为第一文化主脉，辅以古井、城墙和遗址片段，表现出凝重而深厚的历史感；有的辅以优雅人文气氛、特殊的民俗活动，如合肥城隍庙每年元宵节的传统灯会、意大利锡耶纳广场举行的赛马节等。

3.4.8 特色性原则

个性特征是通过人的生理和心理感受到的与其他广场不同的内在本质和外部特征。现代城市广场应通过特定的使用功能、场地条件、人文主题及景观艺术处理塑造出自己的鲜明特色。

广场的特色性不是设计师的凭空创作，更不能套用现成特色广场的模式，而是对广场的功能、地形、环境、人文、区位等方面做全面的分析，才能创造出与市民生活紧密结合，且独具地方、时代特色的现代城市广场。一个有个性特色的城市广场应该与城市整体空间环境风格相协调，如果违背了整体空间环境的和谐，城市广场的个性特色也就失去了意义。

3.5 现代城市广场的空间设计

3.5.1 广场的空间形态

广场的空间形态分为上升式与下沉式。

（1）上升式广场：一般将车行放在较低的层面上，而把人行和非机动车交通放在地上，实现人车分流。

（2）下沉式广场：常结合地下街、地铁、商业步行街的使用功能，成为现代城市空间中的重要组成部分。

3.5.2 广场的空间围合

（1）四面围合的广场：当这种广场规模尺度较小时，封闭性极强，具有强烈的向心性和领域感，如梵蒂冈圣彼得大教堂广场。

（2）三面围合的广场：封闭感较好，具有一定的方向性和向心性。

（3）两面围合的广场：常位于大型建筑与道路转角处，平面形态有"L"形和"T"形等。领域感较弱，空间有一定的流动性。

（4）仅一面围合的广场：这类广场封闭性很差，规模较大时可考虑组织二次空间，如局部下沉或局部上升等。

3.5.3 广场的空间尺度与界面高度

（1）人与物体的距离在 25m 左右时能产生亲切感，这时可以辨认出建筑细部和人脸的细部。

（2）街道和广场空间的最大距离不超过 140m。如超过 140m 时，墙上的沟槽线角消失，远视感变得接近立面。

（3）人与物体的距离超过 1200m 时就看不清具体形象了。这时所看到的景物脱离人的尺度，仅保留一定的轮廓线。

（4）当围合界面高度等于人与建筑物的距离时，水平视线与檐口夹角为 45°可产生良好的封闭感。

（5）当建筑(界面)立面高度等于人与建筑物距离的 1/2 时，水平视线与檐口夹角为 30°，是创造封闭性空间的极限。

（6）当建筑（界面）立面高度等于人与建筑物距离的1/3时，水平视线与檐口夹角为18°，能看清整体与背景的关系。

（7）当建筑（界面）立面高度等于人与建筑物距离的1/4时，水平视线与檐口夹角为14°，空间围合感消失，空间周围的建筑立面如同平面的边缘，起不到围合作用。

3.5.4 广场的几何形态与开口

一般认为，广场空间具有三种基本形态，它们分别是矩形（或方形）、圆形（或椭圆形）和三角形（或梯形）。从空间构成角度看，被建筑物完全包围称为"封闭式"，被建筑物部分包围称为"开放式"，两者区别就是围合界面开口的多少。广场与道路的交点往往形成广场的开口，开口的位置及处理对广场空间气氛有很大影响。

（1）矩形广场与中央开口：设计手法为轴线对称型。

（2）矩形广场与两侧开口：这种广场的特点是道路产生的缺口将周围的四个界面分开，打破了空间的围合感。此外，贯穿四周的道路还将广场的底界面与四周墙面分开，使广场成为一个中央岛。

（3）隐蔽性开口与渗透性界面：从平面观察，这类广场与道路的交汇点设计隐蔽，开口部分可布置在拱廊、柱廊之下。

（4）广场的序列空间：广场的序列空间分为前导、发展、高潮、结尾几个部分，人们在这种序列空间中可以感受到空间的变幻、收放、对比、延续、烘托等乐趣。

3.6 广场绿地设计的原则

（1）广场绿地布局应与城市广场总体布局统一，使绿地成为广场的有机组成部分，从而更好地发挥其主要功能，符合其主要性质要求。

（2）广场绿地的功能与广场内各功能区一致，更好地配合和加强该区功能的实现。如入口区植物配置应强调绿地的景观效果，休闲区规划则应以落叶乔木为主，冬季的阳光、夏季的遮阳都是人们户外活动所需要的。

（3）广场绿地规划应具有清晰的空间层次，独立形成或配合广场周边建筑、地形等形成良好、多元、优美的广场空间体系。

（4）广场绿地规划设计应考虑与该城市绿化总体风格协调一致，结合地理区位特征，物种选择应符合植物的生长规律，突出地方特色。

（5）结合城市广场环境和广场的竖向特点，以提高环境质量和改善小气候为目的，协调好风向、交通、人流等诸多因素。

（6）对城市广场上的原有大树应加强保护，保留原有大树有利于广场景观的形成，有利于体现对自然、历史的尊重，有利于对广场场所感的认同。

3.7 城市广场绿地种植设计形式

城市广场绿地种植主要有四种基本形式：排列式种植、集团式种植、自然式种植、花坛式（即图案式）种植。

3.7.1 排列式种植

排列式种植属于整形式，主要用于广场周围或者长条形地带，用于隔离或遮挡，或作背景。单排的绿化栽植，可在乔木间加种灌木，灌木丛间再加种草本花卉，但株间要有适当的距离，以保证植株有充足的阳光和营养面积。乔木下面的灌木和草本花卉要选择耐阴品种。并排种植的各种乔灌木在色彩和体型上要注意协调，如图3-7所示。

❖ 图3-7 某广场的种植以排列式、集团式种植为主

3.7.2 集团式种植

集团式种植也是整形式的一种,是为避免成排种植的单调感,把几种树组成一个树丛,有规律地排列在一定的地段上。这种形式有丰富、浑厚的效果,排列整齐时远看很壮观,近看又很细腻。可用草本花卉和灌木组成树丛,也可用不同的乔木和灌木组成树丛,如图3-7所示。

3.7.3 自然式种植

自然式种植与整形式不同,是在一定地段内,花木种植不受统一的株距、行距限制,而是疏密有序地布置,从不同的角度望去有不同的景致,生动而活泼。这种布置不受地块大小和形状限制,可以巧妙地解决与地下管线的矛盾。自然式树丛布置要密切结合环境,才能使每一种植物茁壮生长。同时,此方式对管理工作的要求较高,如图3-8所示。

❖ 图3-8 某广场的种植以自然式种植为主

3.7.4 花坛式(图案式)种植

花坛式种植即图案式种植,是一种规则式种植形式,装饰性极强,材料选择可以是花、草,也可以是修剪整齐的木本树木,能构成各种图案。它是城市广场最常用的种植形式之一。城市广场花坛式种植的常见布局形式,如图3-9所示。

❖ 图 3-9　某广场的花坛式种植

　　花坛或花坛群的位置及平面轮廓应该与广场的平面布局相协调，如果广场是长方形的，那么花坛或花坛群的外形轮廓也以长方形为宜。当然也不排除细节上的变化，变化的目的只是为了更活泼一些，过分类似或呆板，会失去花坛所渲染的艺术效果。

　　在人流、车流交通量很大的广场，或是游人集散量很大的公共建筑前，为了保证车辆交通的通畅及游人的集散，花坛的外形并不强求与广场一致。例如正方形的街道交叉口广场上、三角形的街道交叉口广场中央，都可以布置圆形花坛，长方形的广场可以布置椭圆形的花坛。

　　花坛与花坛群的面积占城市广场面积的比例，一般最大不超过 1/3，最小不小于 1/5。华丽的花坛，面积比例要小些；简洁的花坛，面积比例要大些。

　　花坛还可以作为城市广场中的建筑物、水池、喷泉、雕像等的配景。作为配景处理的花坛，总是以花坛群的形式出现的。花坛的装饰与纹样，应当与城市广场或周围建筑的风格一致。

3.8　城市广场树种选择的原则

　　种植于大型广场的树，要严格挑选当地适宜的树种，一般须遵循以下几条原则。

1）冠大荫浓

　　枝叶茂密且树冠大、枝叶密的树种夏季可形成大片绿荫，能降低温度、避免行人暴晒。

例如槐树中年期时冠幅可达4m，悬铃木更是冠大荫浓。

2）耐瘠薄土壤

城市中土壤瘠薄，且树多种植在道旁、路肩、广场边，受各种管线或建筑物基础的限制、影响，树体营养面积很少，补充有限。因此，选择耐瘠薄土壤习性的树种尤为重要。

3）具深根性树种

树木根深叶茂才不会因践踏造成表面根系破坏而影响正常生长，而且能抵御撞击，特别是在一些沿海城市选择深根性的树种，能抵御暴风袭击而不受损害。浅根性树种的根系会拱坏场地的铺装。

4）耐修剪

广场树木的枝条要求有一定高度的分枝点（一般在2.5m左右），侧枝不能刮、碰过往车辆，并具有整齐美观的形象。因此，每年要修剪侧枝，树种需有很强的萌芽能力，修剪以后能很快萌发出新枝。

5）抗病虫害与污染

病虫害多的树种不仅管理上投资大，费工多，而且落下的枝叶，虫子排出的粪便，虫体和喷洒的各种灭虫剂等，都会污染环境，影响卫生。所以，要选择能抗病虫害，且易控制其发展和有特效药防治的树种，选择抗污染、消化污染物的树种，有利于改善环境。

6）落果少或无飞毛、飞絮

经常落果或有飞毛、飞絮的树种，容易污染行人的衣物，尤其污染环境，并容易引起呼吸道疾病。所以，应选择一些落果少、无飞毛的树种，用无性繁殖的方法培育雄性不孕系是目前解决这个问题的一条途径。

7）发芽早、落叶晚且落叶期整齐

选择发芽早、落叶晚的阔叶树绿化效果长。另外，落叶期整齐的树种有利于保持城市的环境卫生。

8）耐旱、耐寒

选择耐旱、耐寒的树种，可以保证树木的正常生长发育，减少管理上财力、人力和物力的投入。我国北方城市多为大陆性气候，冬季严寒，春季干旱，致使一些树种不能正常越冬，必须予以适当防寒保护。

9）寿命长

树种的寿命长短影响城市的绿化效果和管理工作。寿命短的树种一般30~40年就会出现发芽晚、落叶早和焦梢等衰老现象，而不得不砍伐更新。所以，要延长树更新的周期，必须选择寿命长的树种。

任务实施

1. 获取项目信息资料

嘉荫县位于黑龙江省北部，东北与俄罗斯相邻，属黑龙江省伊春市辖县，县城历史文化与景观资源丰富，是著名的"恐龙之乡"和消夏的度假胜地。本项目位于嘉荫县城区中部，在神州龙路与康乐路之间，规划面积约28570m^2。

2. 方案的构思与生成

在本项目中，通过一系列分析，产生了如下设计理念。

（1）嘉荫县朝阳广场为市政广场，在规划设计形式上应选择规则对称式，有明显的中轴线贯穿。嘉荫县作为著名的"恐龙之乡"，应将这种历史和文化作为设计的主题，贯穿整个设计。

① 一条空间主轴线，贯穿休闲广场、旱喷广场以及综合活动空间的轴线，涵盖了多层次的特色景观区域。

② 入口广场：作为广场北入口的重要标识，起引导、疏散人流的作用。

③ 综合活动场地：包括管理用房、轮滑场地、儿童游乐设施、游戏沙坑等。

④ 演绎空间：组织表演文化活动，丰富市民业余生活。

⑤ 水幕电影：最新的水幕电影技术，展现嘉荫历史和恐龙文化。

⑥ 旱喷广场：大型旱喷表演空间，结合音乐和夜景亮化。

⑦ 恐龙甲构筑物：外形以恐龙甲为原型，经过艺术加工设计成特色景观构筑物。

⑧ 晶体雕塑：结合科技手段，将恐龙和嘉荫的3D影像展现在雕塑上。

⑨ 下沉水景广场：台地跌水景观，结合下沉广场，丰富场地层次变化。

（2）广场层次分析：朝阳广场功能空间层次丰富，营造出不同活动环境氛围，包括底层下沉活动空间、中层广场文化空间、上层植物及构筑物空间，为游人提供灵动、自然、和谐的休闲场所。

① 以硬质场地构筑综合活动空间。广场活动场地将下沉空间、平面空间与登高场地相联系，形成台地景观效果，结合花岗岩、透水地坪及防腐木等铺装材质营造活动场地。

② 以绿地及地形形成空间软分割。道路广场将绿地分割成片，形成多个绿化组团及绿块，结合地形围合、乔灌木串联，营造出丰富的林相组合与空间层次。

③ 以植物种植丰富空间分割界面。植物设计中注意乔灌比、竖向层次、季相变化，明确硬质景观与绿化空间的组合关系，花带与绿篱的搭配，结合阳光草坪、疏林草地及密林，使游客有机地融入广场环境中。

④ 以建筑及构筑物丰富空间景点。在广场规划布局中，设计综合管理中心、文化景观廊、空中栈道及配套服务建筑，在满足游人登高观赏美景的同时，也作为基础服务设施

的重要组成部分。

⑤ 以下沉广场空间拓展综合功能。在下沉广场空间的设计中,将管理用房和小型地下商业设施与下沉广场空间进行串联,结合台地叠水景观,形成下沉空间综合活动功能体,营造丰富的娱乐空间。

(3)空间结构分析。

① 节点围绕中心,步行系统串联:以中心旱喷广场为核心,突出场地使用功能,因地制宜地布置休闲场地,多种步行系统有机串联活动空间。作为嘉荫县城区重要的市民活动空间,场地内应用了目前最先进的科技、材料,并通过景观与声、光、电的有机融合,将朝阳广场打造成展示嘉荫作为恐龙之乡、文化名城的重要窗口。

② 中心突出:旱喷广场作为朝阳广场轴线的中心空间,重点突出。

③ 节点丰富:各种休闲活动空间布置其中,满足不同人群的使用需求。

④ 路网畅通:通过广场、主路、次路、木栈道等交通形式串联活动空间,打造高效便捷的路网系统。

最终定稿的方案如图3-10所示。

❖ 图3-10　定稿的方案平面

3. 方案的表达

1）分析图的绘制

分析图是在设计方案生成之前方案推敲过程中产生的，我们在方案平面图完成的基础上再完成各种分析图的绘制，这样的图纸看起来更清晰、更明确，更有利于同委托方交流，如图 3-11~图 3-13 所示。

2）效果图的绘制

用 AutoCAD、3D Max 等软件制出局部景观节点的模型，然后用 Photoshop 软件进行效果图后期的表现，如图 3-14~图 3-21 所示。

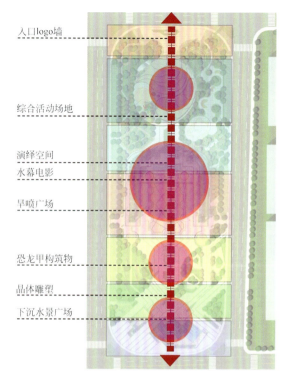

❖ 图 3-11　广场空间结构图

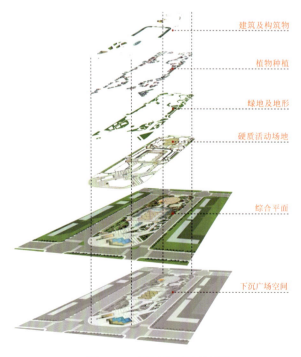

❖ 图 3-12　广场空间层次分析图

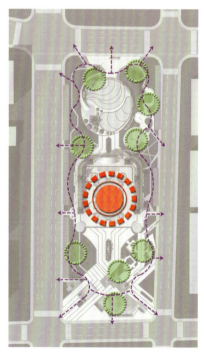

❖ 图 3-13　广场空间结构分析图

❖ 图 3-14　广场鸟瞰图 1

❖ 图 3-15　广场鸟瞰图 2

❖ 图 3-16　广场夜景鸟瞰图

❖ 图 3-17　水景广场透视图

❖ 图 3-18　旱喷广场透视图

❖ 图 3-19　节点鸟瞰图

项目3　城市广场景观设计

❖ 图 3-20　几何地形效果图

❖ 图 3-21　演绎舞台透视图

（1）图 3-22 所示为沈阳市某休闲广场现状图，该项目地块总用地面积 4800m²，其中可绿化面积 4800m²。根据自己对该项目的理解，利用园林设计基本方法和基本设计流程进行城市休闲广场景观设计（图纸中绿线围合的部分），完成该绿地设计平面图、局部效果图及设计说明。

（2）图 3-23 所示为河南某城市某雕塑公园雕塑艺术馆前广场现状图，图中红色部分所示位置为设计范围,占地面积为28453.4m²。根据自己对该项目现状条件的分析及理解,综合利用所学园林景观设计构图的知识,结合园林设计基本方法和程序进行该基地的景观设计。完成设计说明、平面图、局部效果图、整体鸟瞰图等相关图纸。

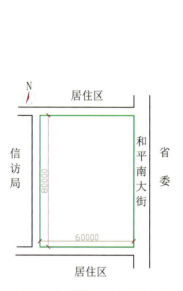

❖ 图3-22 城市休闲广场现状图

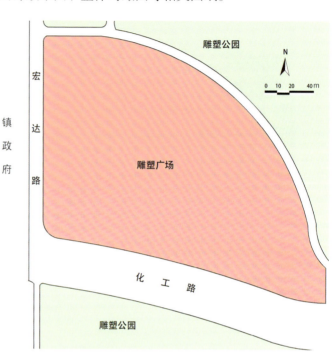

❖ 图3-23 雕塑艺术馆前广场现状图

项目3 知识拓展

项目 4　城市滨水绿地景观设计

学习目标

【知识目标】
(1) 了解滨水绿地景观的概念与分布位置。
(2) 掌握滨水绿地景观设计的原则。

【技能目标】
(1) 能够应用设计的基本步骤对项目进行具体分析。
(2) 能够应用设计的方法对项目进行具体设计和构图。
(3) 能够运用绘图的表现技法进行绘图表达。

工作任务

任务提出

如图 4-1 所示为镇江市古运河中段现状图，图中绿色的区域为规划设计区域。根据园林设计的原理、方法以及功能要求，结合该绿地的具体基地信息，对该滨水绿地景观进行设计。

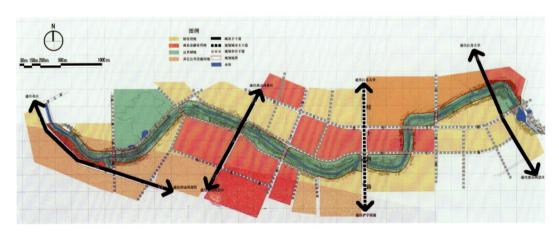

❖ 图 4-1　镇江市古运河中段现状图

任务分析

在了解滨水绿地景观设计原则的基础上，了解委托方对项目的要求后，分析各种因素对基地的影响。在对项目进行研究及分析的基础上，根据滨水绿地景观的特点，对绿地进行设计构思，最终完成对该滨水绿地景观的设计。

任务要求

（1）了解委托方的要求，掌握该滨水绿地景观概况等基地信息。
（2）灵活运用园林设计的基本方法，构图新颖，布局合理。
（3）表达清晰，立意明确，图纸绘制规范。
（4）完成该滨水绿地景观的区位分析图、景观分析图、交通分析图、设计平面图、局部透视图或局部鸟瞰图等相关图纸。

知识准备

4.1 滨水绿地景观的概念

水对人类来说有着一种内在的、与生俱来的持久吸引力。蓝天、阳光、水面、绿地都是人们向往的旅游和生活的地方。滨水绿地景观就是在城市中因毗邻河流、湖沼、海岸等水体建设而成的、具有较强观赏性和使用功能的一种城市公共绿地形式。

4.2 分布位置

滨水绿地景观一般位于城市中河流、湖沼、海岸等水体的周围，如图4-2所示。

图 4-2　毗邻河流的某滨水绿地景观

4.3　特点

滨水绿地景观毗邻自然环境，其一侧临水，空间开阔，环境优美，是城市居民休息游憩的地方，吸引着大量的游人，特别是夏日和傍晚，其作用不亚于风景区和公园绿地。

4.4　滨水绿地景观设计的原则

1. 超大尺度空间原则——由功能决定尺寸原则

古典园林只为当时的少数社会特殊阶层服务，设计原则之一就是"小中见大，咫尺山水"，即"人在画外以观画"，而现代景观设计的成果是供城市内所有居民和外来游客共同休闲、欣赏、使用的，因而这决定了它要以超常规的大尺度概念来规划设计。同时，现代景观设计又受西方大地艺术思潮及造景手法的影响，即注重设计空间与大自然的自然力、自然空间的融合，在广袤空间中创造作品，"人在画中以作画"的设计思路，这些都决定了"尺度空间的定量优先于局部"。在苏州工业园区金鸡湖的规划设计中，有一条634m长的湖滨大道，它的设计一反园林小路宽不过3m的常规做法，大道设计成宽15m，分上、下层，低处湖滨大道宽 9.4m，高处湖滨道宽 4.075m，中间连接的台阶宽 1.525m，以每 2m 一个色带铺地变化重复，建成后气势宏伟，与湖面尺度比较般配，如图 4-3 所示。

图 4-3　苏州工业园区金鸡湖湖滨大道

2. 生态性原则——合理地进行树种的选择

在滨水绿地景观上除采用一般行道树绿地树种外，还可在临水边种植耐水湿的树木，在低湿的河岸上或一定时期水位可能上涨的水边，应特别注意选择能适应水湿、耐水湿和耐盐碱的树种，如图 4-4 所示。

图 4-4　滨水绿地景观设计中水生植物与耐水湿植物的应用

3. 文化性原则——注重现代与传统的交流、互动

滨水绿地景观虽然是一种现代式的景观设计，但它不能完全脱离本地原有的文化与当地人文历史沉淀下来的审美情趣，不能割裂传统。在处理这个问题时一般有两种方式：一种是保留传统园林的内容或文化精神，整体上仍沿用传统布局，在材料及节点处理上呈现一定的现代感和现代工艺、手法，如图4-5所示。另一种是目前国际景观设计界流行的做法，即在设计中汲取"只言片语"的传统园林形式，移植到现代景观设计中，使人在其中隐隐约约地感受历史的信息与痕迹。例如苏州工业园区金鸡湖设计中，选用了苏州传统园林中"卵石小径"这一传统元素，在湖滨大道上做了两块铺地，材料、施工工艺均是苏州本地做法，而图案却不是传统的"寿""福""鸟""鱼"纹，而是现代感十足的抽象几何平面纹样，这样使人们在长距离的行走过程中，可以感受到一些苏州传统园林的信息。在弧形观景台旁设置了一座桥梁，桥下有一个小小的荷花塘，面积约150m^2，用不规则的景石砌筑池壁，池底满铺白色鹅卵石，有苏州园林水景做法的痕迹，建成后效果较好。在另一处沿湖小广场的铺地上，按我国十二生肖和天干地支的排列方法，设计了一个"农历广场"，使每一个来湖边游玩的游客都可在此找到自己的生辰年份和对应的生肖图案。

图4-5 传统中国园林式的滨水绿地景观

4. 亲水原则

受现代人文主义极大影响的现代滨水景观设计更多地考虑了人与生俱来的亲水特性。由于人们惧怕洪水，因而建造的堤岸总是又高、又厚，将人与水远远隔开，而科学技术发展到今天，人们已经较好地掌握水的四季涨落特性，因而亲水性设计成为可能，见图4-6。

如何让人与水进行直接接触式的交流，是处理这类景观设计时应着重探讨的问题。在苏州工业园区金鸡湖的设计中，采用了三种亲水处理手法，一是亲水木平台，二是亲水花岗岩大台阶，三是挑入湖中的木坐凳，这样，不管四季水面涨涨落落，人们总能触水、戏水、玩水，如图 4-7~图 4-9 所示。

图 4-6　亲水平台是亲水性设计的常见形式

图 4-7　亲水木平台

图 4-8　苏州工业园区金鸡湖花岗岩大台阶

图 4-9　苏州工业园区金鸡湖挑入湖中的木坐凳

5. 立体设计原则

以往的景观、园林设计，景观设计师非常注重平面构成设计，而忽略了景观是人在其中。对于人在其中游憩的场所，人不能一直俯瞰景观空间。对于人的视觉来讲，垂直面上的变化远比平面上的变化更能引起人们的关注与兴趣。因而，景观设计不应仅仅是平面设计，而应是全方位的立体设计。立体设计涵盖了软质、硬质景观两方面：软质景观如种植乔木、灌木时，应先堆土成坡，再分层高低立体种植，如图 4-10 所示；硬质景观方面则运用上下层平台、道路等手法进行空间转换和空间高差创造。

图 4-10　滨水绿地景观植物分层立体种植

例如在苏州工业区金鸡湖景观设计中，设计者将沿湖滨水区域标高作了四段划分，从城市往湖面靠近依次为"望湖区"（宽 80~120m 的绿化带区域）——"见水区"（低处湖滨大道，9.4m 的宽阔花岗岩大道）——"亲水区"（可戏水区域）。这样既满足驳岸设计的防汛要求，又将人们逐渐、逐级引入水面，使得整个区域在三维空间中变得丰富多彩。

6. 技术更新原则

由于科技的发展，新材料与技术的应用，使现代景观设计具备了超越传统材料限制的条件。通过选用新颖的建筑、装饰材料，达到只有现代景观设计才能具备的质感、透明度、光影的特征。例如，在苏州工业园区金鸡湖景观工程中选用了地面光纤照明、4m 高湖柱式照明、彩钢板玻璃砖装饰的厕所、水幕广场人工喷泉等。这些现代科技的成果带给设计师们超越其先辈们设计的自由度，因而创造了一些崭新的视觉效果。

4.5　滨水绿地景观在规划设计过程中应注意的问题

（1）一般情况下，滨水绿地景观的一侧是城市建筑，滨水绿地景观的建设可以看作是在建筑和水体之间设置一种特殊的道路绿带。如果水面不十分宽且对岸又无风景时，滨河路可以布置得较为简单，除车行道和人行道之外，临水一侧可修筑游步道，树木种植成行，驳岸地段可以设置栏杆，树间设座椅，供游人休息。

（2）若水面宽阔，沿岸风光绮丽，对岸风景点较多，沿水边就应设置较宽阔的绿化地带，布置游步道、草地、花坛、座椅等园林设施。游步道应尽量靠近水边，以满足人们近水边行走的需要。在可以观看风景的地方设计小型广场或凸出岸边的平台，以供人们凭栏远眺或摄影。在水位较稳定的地方，驳岸应尽可能砌筑得低一些，以满足人们的亲水感，如图 4-11 所示。

图 4-11　较宽的滨水绿化带的设计

（3）在具有天然坡岸的地方，可以采用自然式布置游步道和树木，凡无铺装的地面都应种植灌木或铺装草皮，如有顽石布置于岸边，更显自然，如图 4-12 所示。

图 4-12　自然的草坡护岸点缀顽石

（4）如果水面非常开阔，适于开展游泳、划船等活动时，这种地方应设计成滨河公园，在夏天和节假日会吸引大量游人。

任务实施

1. 获取项目信息资料

获取跟该项目相关的图纸和文字资料；获取委托方对该项目的设计要求。进行现场勘查和测绘，对所收集的资料进行整理和分析，可绘制一些现状分析图。

1）区位分析

镇江市位于长江三角洲城市群的中心位置，地理条件优越。直线距离300km范围内有3个省会和1个直辖市，大中型城市十余个，具有丰富的中短途旅游客源市场潜力可进行发掘。镇江市是中国历史文化名城，有深厚的历史文化底蕴和得天独厚的自然风景资源，市区现已形成多个具有全国知名度的旅游景点，随着古运河的整治改造，将把众多旅游资源由原来的孤立的景点串联成线，使原来孤立的景点与城市产生互动，改变城市景观空间结构，由封闭变为开放，有丰富的旅游结构与深度。同时古运河的改造将极大地完善镇江市的生态绿地系统，在城市中心形成绿色生态观光走廊，满足市民平时的休憩娱乐需要，成为市区内重要的公共开放空间。

2）现状用地分析

古运河中段流域周边现状用地除上段教顶山以西及丹徒镇周边有较密集建筑外，中段基本为农业用地。根据城市规划，现状用地性质有较大调整，原有的建筑基本拆除，随着乡村城市化的发展，现有村镇将发展为新型住宅区及商业金融中心、科研教育中心。因此，古运河中段的规划设计将结合城市规划的用地性质进行。新区规划中沿河两岸主要为居住用地及金融商贸用地，在丹徒镇北侧学府路附近规划为镇江市的科教中心，河流影响的主要是这三类用地。

3）交通分析

古运河中段流域横贯镇江市东部新区，位于新区的中心，南临沪宁高速，东临工业区，北靠长江，地理位置优越。目前有三条城市主干道穿越河流，自西向东分别是：丁卯路、谷阳路、镇南路，现状大部分区域仍为农村或城乡接合部，居民文化水平较低，道路系统极不完善，滨河地区被农田、村镇围合成封闭的区域难以进入。道路系统的不完善限制了运河周边区域的发展，但也因此保护了区域内生态系统的完好。新区道路规划系统中，经十四路作为南北穿越运河的城市主干道与沪宁高速公路相连，另有京砚山路、经七路、经十二路等城市干道跨越河道，纬五路、纬七路、纬八路三条滨河路形成较完善的道路系统，如图4-13所示。新区规划道路将极大地促进运河流域的经济发展，同时真正将运河滨水地带变成开放性的城市空间，打通镇江市区的中轴生态景观通廊，使滨河区在满足市民休憩娱乐的同时，拥有丰富的历史文化内涵。古运河结合重要交通节点及历史人文遗迹，使之连接成线，让古运河成为历史文化名城中一条富有特色的文化旅游之河。由于运河规划蓄水深度在 4~5m，完全可以作为水上交通线路使用，同时水运有其景观优势，近期可考虑主要作为旅游线路使用。

图 4-13　镇江市古运河区位分析

4）水体分析

镇江市古运河位于镇江市城区中部，东西贯穿镇江市，与长江相连，常水位为 5.8m，每年 5—8 月为汛期，洪水位 20 年一遇，为 7~8m。古运河自然系统主要包括江河、湖泊、湿地等，有京口闸、丹徒闸两处水利设施。古运河中段河道主要作为农田，果园灌溉功能，航运功能因淤积严重基本丧失，沿途缺乏有效管理，存在安全、卫生等不良隐患。整段河道水质较差，存在较多的生活污水源，景观形象较差。

（1）起点—丁卯桥西。此段河道有周家河支流汇入，河道内淤积严重，水位较低，水面宽度 10m 左右，河道内有多处垃圾堆放，水质较差。

（2）丁卯桥东—教顶山东。该段河道顺直，无支流汇入，河道北侧教顶山下有两处景色优美的水塘毗邻，水质较好。

（3）谷阳路—经十二路。该段河道有两处支流汇入，水质较上游稍好，水面较宽阔，约 15m。

（4）经十二路—经十四路。河道曲折婉转，有大片水杉林与河道相接形成湿地景观。局部农田位于坡度较陡的河岸，因此水土流失严重。

（5）经十四路—丹徒闸。河流由乡村进入市镇，有一条支流汇入，并由丹徒河与长江相接，污水源较多，水质较差。

2. 方案的构思与生成

在整理和分析过程中，设计人员会产生一定的设计灵感，在本项目中，通过一系列分析，产生了如下设计思路。

运河中段规划在实现其防洪和生态功能的基础上，结合途经的地貌特色和城市用地性质，突出古运河历史文化的独特魅力，并把人的活动与运河景观的成功结合作为设计目标，营造怡人的古运河生态观光走廊。根据景观定位，形成三个主题区段，即"城市山水景观区""田园风光区"和"文化休闲区"。其中，山水景观区以"丁卯春色"为特色（丁卯村舍、特色果园、顶山十堤）；田园区则形成三个特色景区：谷阳三曲（竹露音、荷风曲、水歌调）、梦泽飞鹭（白鹭洲、梦溪芙蓉塘）、古韵流芳（船文化公园），文化区以"丹徒晨曦"为特色（琴音广场、花语步道、水上特色旅游街、丹青广场），如图 4-14 所示。

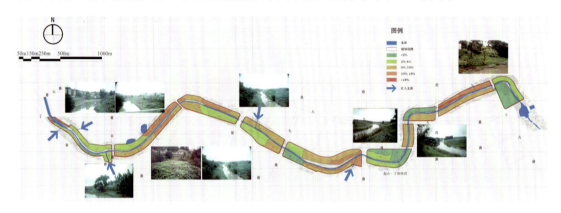

图 4-14　古运河水体竖向图

3. 方案的表达

（1）分析图的绘制，如图 4-15 和图 4-16 所示。

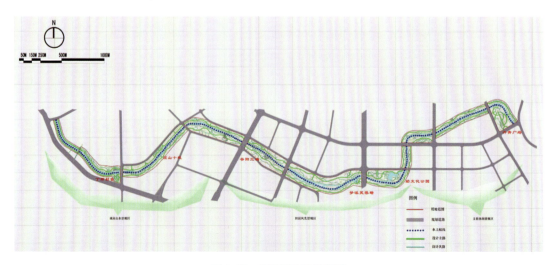

图 4-15　古运河交通分析图

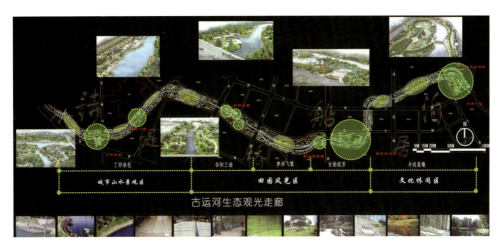

图 4-16　古运河景观分析图

（2）景观节点平面图与效果图的绘制，如图 4-17～图 4-29 所示。

图 4-17　古运河总平面图

图 4-18　丁卯村舍节点平面图

图 4-19　丁卯村舍节点鸟瞰图

图 4-20　顶山十堤节点平面图

图 4-21　顶山十堤节点鸟瞰图

项目4 城市滨水绿地景观设计

图 4-22　谷阳三曲节点平面图

图 4-23　谷阳三曲节点鸟瞰图

图 4-24　梦泽飞鹭节点平面图

图 4-25　梦泽飞鹭节点鸟瞰图

图 4-26　船文化公园节点平面图

项目4 城市滨水绿地景观设计

图 4-27　船文化公园节点鸟瞰图

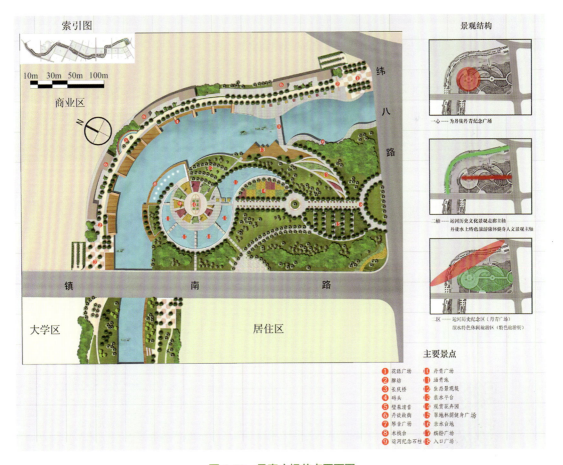

图 4-28　丹青广场节点平面图

图 4-29　丹青广场节点鸟瞰图

巩固训练

某城市滨水绿地景观设计。该滨水绿地景观外围东、西、北地块均为规划居住区，南侧为现状河道，隔河为已建成居住区。周围道路为生活性道路，西侧为社区商业中心。基地总面积为 10560m²，为图中绿色部分，现状如图 4-30 所示。

在分析基地和周围关系的基础上，对该滨水绿地景观的功能、空间、设施等进行组织安排，要求功能合理，环境优美。利用园林设计基本方法和基本设计流程进行滨水绿地景观设计，完成该绿地设计平面图、效果图及设计说明。

项目 4　知识拓展

图 4-30　滨水绿地景观现状图

项目 5　城市道路绿地景观设计

学习目标

【知识目标】
(1) 了解城市道路绿地的类型。
(2) 了解城市道路绿地的作用。
(3) 了解城市道路绿地的设计原则。
(4) 掌握各类型城市道路绿地景观设计的要点。

【技能目标】
(1) 能够应用设计的基本程序对项目进行具体调查分析。
(2) 能够应用设计的艺术法则对项目进行具体设计和构图。
(3) 能够应用植物生态学与分类学对道路绿地进行种植设计。
(4) 能够运用绘图的综合表现技法对设计进行表达。

工作任务

任务提出

如图 5-1 所示为内蒙古科尔沁右翼中旗某城市主干道 200m 标准段规划图。依据城市

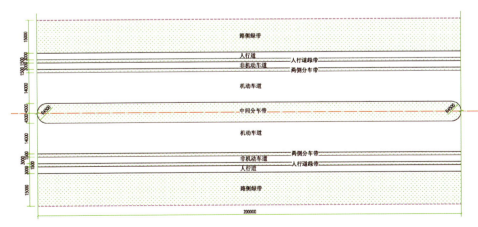

❖ 图 5-1　200m 标准段规划图（单位：mm）

道路绿地景观的设计原则和园林景观设计的原理、艺术手法，结合具体基地现状信息、委托方设计要求（城市形象设计等），对该道路绿地中间分车带、两侧分车带、人行道绿带及路侧绿带进行景观设计。

任务分析

在了解城市道路绿地的类型、功能与作用、设计原则、构成要素及各类城市道路绿地设计要点的基础上，解读委托方对项目的要求，研究项目的基础信息，分析各种因素对基地的影响，根据园林设计原则，对道路绿地进行设计构思，最终完成对该城市道路绿地的设计。

任务要求

（1）了解委托方的要求，掌握该道路绿地项目概况等基地信息。
（2）灵活运用园林设计的基本方法，构图新颖，布局合理。
（3）表达清晰，立意明确，图纸绘制规范。
（4）完成该道路绿地的设计平面图、整体鸟瞰图、局部效果图等相关图纸。

5.1 城市道路绿地景观的类型

5.1.1 城市道路的类型

美国的凯文·林奇（Kevin Lynch）在《城市意象》中提到构成人们对城市印象的心理因素有五个方面：路、边界、区域、中心和标志。城市道路是城市三大空间（交通空间、建筑空间、开发空间）之一，是城市的骨架，是城市结构布局的决定因素。城市道路分为快速路、主干路、次干路和支路，其主要特点见表5-1。

表5-1 城市道路分类表

城市道路类型	路幅宽度/m	设计车速/(km/h)	主 要 特 点
快速路	40～60	80～100	完全为交通功能服务，是解决城市大容量、长距离、快速交通的主要道路

续表

城市道路类型	路幅宽度 /m	设计车速 /(km/h)	主　要　特　点
主干路	30～60	30～60	以交通功能为主，为连接城市各主要分区的干路，是城市道路网的主要骨架
次干路	20～30	30～40	城市区域性交通干道，为区域交通集散服务，兼有服务功能，结合主干路形成干路网
支路	12～16	<30	次干路与居住小区、工业区、交通设施等内部道路的连接线路，解决局部地区交通，以服务功能为主

随着城市化的发展，城市道路交通类型和网络也越来越复杂，很难以单一的标准对城市道路进行分类，国内其他的学者也从不同的角度对城市道路进行了分类。有学者建议根据道路本身的功能服务特征及街面景观特征划分为交通性道路、商业性道路、生活性道路、游览性道路以及林荫路等。

5.1.2　城市道路绿地的类型

我国行业规范《城市道路绿化规划与设计规范》（CJJ 75—1997）中对城市道路绿地定义为城市道路及广场用地范围内可进行绿化的用地，分为四种类型：道路绿带、交通岛绿地、交通广场绿地和停车场绿地。其中道路绿带又由行道树绿带、分车绿带（中间分车绿带和两侧分车绿带）、路侧绿带三部分组成。交通岛绿地则包括中心岛绿地、导向岛绿地和立体交叉绿岛三部分。城市道路绿地各组成部分详见图 5-2。

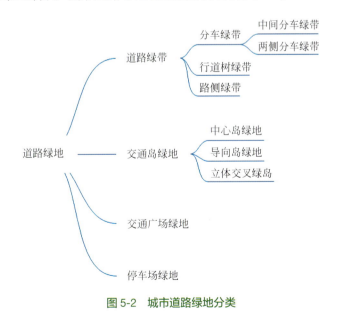

图 5-2　城市道路绿地分类

5.1.3 城市道路绿地景观的类型

城市道路绿地用地范围内的道路、铺装、山石、地形、植物、建筑物、构筑物、小品等要素共同组合形成了城市道路绿地景观，它兼具生态功能、景观功能、游憩休闲功能以及文化展示功能，是城市重要的生态绿化廊道和形象展示代表。根据城市道路的分类及城市道路绿地的分类原则，本书将城市道路绿地景观分为城市交通性道路绿地景观、城市生活性道路绿地景观、城市商业步行街绿地景观、交通岛绿地景观、交通广场及停车场绿地景观五大类（见表5-2）。

表 5-2　城市道路绿地景观分类表

城市道路绿地景观类型	主要道路类型	主要景观特点
城市交通性道路绿地景观	城市快速路、城市主干道	以交通功能为主的道路，以快速的动态景观为主
城市生活性道路绿地景观	城市次干道、支路、居住区内部道路等	车速较低，以静态景观为主
城市商业步行街绿地景观	全步行商业街、时间限制式与车辆限制式步行商业街	以步行交通为主的商业性道路，以静态景观，烘托商业氛围为主
交通岛绿地景观	中心岛、导向岛、高架桥、互通式立体交叉道路	以创造整体视觉景观为主，起到良好导视作用
交通广场及停车场绿地景观	交通广场及停车场绿地	以分隔、围合空间功能为主，兼具景观功能

5.2 城市道路绿地的功能与作用

城市道路作为城市的骨架，道路绿地景观就像一条连续的线性纽带，使城市的各绿地有机联系在一起，构成城市的绿地系统。城市道路绿地是城市绿地系统的脉络，城市的各种功能空间都靠它来连接，它在一定意义上体现了一个城市的政治、经济、文化发展水平，也展现了一个城市的形象风貌。它对城市环境有非常重要的功能与作用，主要体现在以下几个方面。

5.2.1 生态保护功能

随着城市机动车数量的剧增，随之带来的噪声、尾气、粉尘等已经成为城市主要的污染源。近几年城市空气中PM2.5含量的爆发性增长更是对人们的呼吸系统造成严重伤害。

增大道路绿地的面积,以植物本身的生物学以及生态学特性,在道路绿地景观营造中合理运用其生态保护功能,可以有效改善环境质量,具体表现在净化空气、吸滞烟尘和粉尘、降低噪声、遮阴避阳、改善城市小气候等方面。

1. 净化空气

道路绿地的植物元素,除了吸收 CO_2、释放 O_2 外,还能吸收汽车尾气以及城市其他污染源排出的各种有害气体,如:SO_2、CO、H_2S 等。

2. 吸滞烟尘和粉尘

除了各种有害气体外,烟尘和粉尘也严重影响城市人群的健康,严重时可使人患气管炎、肺炎等呼吸道疾病,汽车尾气中的铅尘还会使人贫血、神经麻痹等。城市道路绿地能有效地将道路上的烟尘、粉尘滞留在绿带之中,某些道路绿化植物的花朵和叶片还能分泌黏液,更增强了道路绿化的降尘作用。

3. 降低噪声

由于现代工业、运输业的发展,城市中各种噪声污染也影响着城市居民的生活,损害其身心健康。城市道路绿化景观,利用园林植物的错落配置及其他各种元素的有机组合,形成城市交通与居住、休闲空间之间的"防护绿墙",有效地减弱和吸收声波。

4. 遮阴避阳

城市道路绿地的行道树最基本的功能就是遮阴,园林植物的树冠能有效地反射和吸收太阳辐射。在盛夏时,树阴下比暴露在阳光下的温度低 10℃以上。城市道路绿地林荫道是城市居民日常散步、休闲、纳凉的重要空间。

5. 改善城市小气候

城市绿地植物的生态特征能有效地调整和改善城市道路绿地区域内的温度、湿度、风速等因素,例如,道路绿地的线性"廊道"特征能疏导风向,促进城市的空气流通与交换;植物叶片的吸热和蒸腾作用能调整环境温度和湿度;园林植物和其他要素组合成的"防护绿墙"还能阻挡冬季的寒风,降低风速。

5.2.2 交通辅助功能

1. 优化交通组织

通过道路绿地规划形成的分车绿带、人行道绿带以及交通岛绿地,能有效地诱导视线,起到引导、控制人流和车流的作用。良好的道路绿化系统已经成为优化城市交通组织的重要手段。

2. 辅助交通安全

城市道路绿地，能有效控制人流和车流的速度，从而保证了交通安全。同时道路绿化还可以使道路景观形成方向性和序列感，从纵向上划分空间，营造距离感。运用道路绿地植物本身的形态及色彩的科学性搭配，可以减缓司机对道路沿线单调的植被产生的视觉疲劳，降低交通事故的发生概率。植物体内含有的大量水分还能阻挡火势的蔓延，降低火灾的风险。

3. 夜间行车防眩光

城市夜间行车，相向行驶的车辆由于相互的灯光照射会产生眩光，影响驾驶员对交通情况的识别与判断，从而影响行车的速度与安全。道路分车带中合理的植物配置与植物密度能有效地阻挡对向车辆的灯光，从而防止眩光现象的发生。

4. 标识导视作用

道路绿化植物种类繁多，而且由于气候带的差异，各地都有当地具有地域代表性的植物，在城市道路绿化过程中可采用"异路异树""异路异花""异路异景""异路异色"的规划设计手法，再结合雕塑、景观构筑物、导视牌等园林要素的运用，可发挥道路绿地的良好标识与导视作用。

5.2.3 景观组织功能

1. 丰富城市空间类型，营造道路景观

道路绿地能通过各种园林造景手法对道路空间进行有序、生动的空间组织划分，并且通过对植物形态、色彩、层次的合理配置，山石、水体、景观构筑物等园林要素的组合运用，营造出优美的城市道路景观。

2. 分隔道路周围环境，统一城市道路风貌

城市道路两侧大多林立各类建筑，每种建筑可能都有着不同的外部形态、尺度、色彩和质感，呈现着不同的立面景观风格。城市道路绿地围合、分隔空间的功能，能有效地统一道路风貌，从而合理地组织安排城市景观及游览路线。

3. 弥补硬质景观缺陷，美化城市环境

现代城市中，高层建筑林立，加之车流的原因，使很多景观界面混乱、灰暗，给人带

来压抑感，造成人们情绪的紧张。大量硬质景观材质的运用，使道路空间形态单调、呆板、生硬、缺乏生机和活力。植物软质材料是道路绿地最主要的构成要素，植物种类丰富能体现出丰富的形态、色彩、季相以及风韵，这些特性都体现了自然界的美丽。植物本身的这些特性，经过设计师的巧妙设计，可以使植物景观在平面和立面上都产生强烈的艺术感染力，使道路两侧形成绿色清新的景观界面，从而柔化硬质景观，平静人的心情，美化改善城市环境。

4. 遮蔽和装饰作用

某些城市街区的建设速度不统一，有些老旧建筑物、构筑物以及其他市政工程设施有碍观瞻，影响道路景观，道路绿化能有效地对这些因素进行遮蔽与装饰。同时植物本身所具有的形态美、色彩美、季相美以及容易造型的特点，与公交车站牌亭、路灯、景观灯、花坛、座椅、雕塑、垃圾箱等设施合理配置，可以形成色彩艳丽、造型新颖的景观小品，从而丰富道路绿地景观，美化街景。

5.2.4 其他功能

1. 经济效益

道路绿地栽植的植物除了生态特性和观赏特性外，还具有很高的经济价值，如柿树可以收取果实、银杏的叶果可以入药、薰衣草等花卉可以提炼色素和香精等都是很好的实例。只要合理进行道路绿地树种规划，既能满足道路绿化的各种功能，又能够取得一定的经济效益。

2. 配合城市市政基础设施建设

道路绿地不仅可以作为道路拓宽和城市发展的储备用地，还是各种地下管廊、管线、路灯、导视牌等市政基础设施的载体，方便这些设施的建设、使用与维修。

3. 展示城市特色，隐喻文化内涵

城市道路绿地是城市的会客厅、展览室，城市道路作为引导，向外来人群展示了城市的最初印象。通过具有人文理念的植物的选用以及植物景观的营造，不同植物的艺术组合构成不同含义的图案，表达设计思想，隐喻城市历史文化内涵。在城市道路空间中，除了要塑造有地域文化特色的道路景观小品、标识牌指示牌之外，还需要保留与展示文物古迹等，使道路空间蕴含文化内涵，更重要的是道路绿化可通过选用具有地方特点的植物，展现丰富的地域植物文化内涵。

5.3 城市道路绿地景观的设计原则

5.3.1 功能性原则

现代城市交通体系逐渐朝着多元化、多层次的方向发展，不同性质、不同类型的城市道路对绿地景观有不同的要求。影响道路绿地景观设计的环境因子很多，设计时必须首先要符合城市道路的性质和功能，以主导因子作为重点与城市道路整体环境相协调。例如，城市主干路绿地景观设计时，以动态景观为主，应将机动车速度、植物景观尺度、配置方式作统一考虑；商业街绿地景观设计时，以静态景观为主，绿地景观应烘托商业氛围，以步行尺度和观赏尺度为主。

5.3.2 生态性原则

要想保障城市道路绿地景观良好的稳定性，首先要以生态学为指导，进行合理的配置，使道路绿地植物与其生境相协调，充分考虑温度、光照、水分、空气、土壤等环境因子对植物生长发育的制约。在进行道路绿地景观时应从植物生态特性出发，注重维护植物多样性，营造稳定的植物生态系统，因地制宜，多采用乡土植物，适地适树，形成乔木、灌木、地被、垂直绿化等多层次的植物生态群落，才能更好地发挥道路绿地的各项功能。

5.3.3 人性化原则

城市道路是城市公共空间的重要组成部分，是人们日常生活、工作、休憩的重要载体。因此在进行城市道路绿地景观设计时应以人为本，从不同的交通方式和行人出行方式与目的出发，考虑其行为规律和视觉特性（见表5-3），将人们的习惯、行为、性格、爱好等，融入空间的设计中，这样才能满足人舒适、亲切、轻松、愉悦、安全、自由和充满活力的体验和感觉，为大众提供最佳的活动空间。

表 5-3 出行方式和目的与道路绿地景观关联表

出行方式	出行目的	行 为 特 点	对道路景观的关注情况
步行	上下班、上学、办事、购物	受时间限制、中途停留办事的时间短，步速快，目的性明确，有往返运动	关注道路的拥挤情况、步道的平整、道路的整洁和安全等；关注商店橱窗陈列、店面布置等
	游览、观光	以游览观光为目的，中途停留时间长，步速缓慢	

续表

出行方式	出行目的	行为特点	对道路景观的关注情况
骑车	上下班、购物或娱乐	有一定的目的性，目光注意道路前方20~40m的地方	关注人们的衣着、橱窗、街头小品、道路两旁的建筑和绿化等
机动车	办公、上下班或其他目的	速度快，中途无停留或停留时间短	一般速度10km/h时较悠闲，关注道路两边景观，速度19km/h时，注意力集中，很难注意到道路景观细部，视线范围受到车窗和速度的影响，对道路景观的感知能力低

5.3.4 景观美学原则

一个城市要有自己的美学取向和精神要求，它通常是由自然与人工、空间与时间、静态与动态的相互结合而成。因此城市道路绿地景观设计也应该遵循绘画与造型艺术的基本美学原则，包括协调与统一、重复与变化、对比与均衡、比例与尺度、节奏与韵律、色彩与风格等。

5.3.5 文化意蕴原则

城市景观具有自然生态和文化内涵的两重性，自然景观是基础，文化内涵则是城市景观的灵魂。城市历史文脉和文化内涵是一个城市在长期的历史发展过程中，自然因素、人文特色、历史文化等要素相互融合、沉淀的结果。城市道路绿地景观设计应与地域的文化氛围相适应，承担其文化意蕴的功能，展示和传承城市历史文脉。使人们在欣赏植物景观组合美感的同时，还可以感受到特有的文化内涵，使道路绿地景观具有艺术灵魂，提高城市形象。我国悠久的文化历史，将一些植物个体赋予了特殊的文化意蕴，体现了"映射"在植物身上的主观情感（见表5-4）。

表5-4 部分城市道路绿地绿化树种的文化意蕴

树种名称	文化意蕴
松柏类	苍劲古雅，被赋予坚贞不屈、高风亮节和不朽的品格
梅	苍劲挺秀，暗香清幽，被人们视为坚贞和圣洁的化身
柳	灵活强健、象征强健的生命力，亦喻依依惜别之情
红枫	老而尤红，不畏艰难困苦
桃花	鲜艳明快，并与"李"象征门生，所谓"桃李满天下"
竹	虚心有节，谦虚礼让，气节高尚
桐	是油桐、泡桐、梧桐等树种的泛称，传说能引来神鸟凤凰，寓意吉祥
迎春	一年中最先开放，春回大地，万物复苏

续表

树 种 名 称	文 化 意 蕴
桂花	芳香高贵，象征胜利夺魁，流芳百世
芙蓉	芙蓉耐寒，遇霜花盛，芙蓉谐音"富荣"，具吉祥意蕴
菊	傲霜而立，独立寒秋，孤傲不惧，临危不屈的品格
石榴	果实多籽，喻多子多福

5.4 城市道路绿地景观的构成要素

一切构成景观的物象都可称为"要素"，城市道路绿地景观设计就是要把各种景观要素进行合理地组合配置，使各要素所具有的特有功能得以充分发挥，最终形成不同类型的城市道路绿地景观。城市道路绿地景观要素从不同角度有不同的分类，可分为静态要素和动态要素、自然要素和人工要素以及自身要素和外部要素。本书将道路绿地景观构成要素归纳为：气象要素、地形要素、水体要素、植物要素、硬质要素五类。

5.4.1 气象要素

云、雾、雨、雪、日出、夕照、四时季相等都是城市道路空间形态中可以"因借"的自然气候景观要素。利用气象要素自身出现和产生的规律，巧妙地融入其他景观要素，使城市道路绿地景观产生意想不到的动人效果。例如寒冷的北方地区，皑皑白雪搭配常绿针叶树种以及枝干色彩丰富的落叶树种，能创造出特色鲜明的寒地景观。晶莹的树挂，千姿百态挂满枝头，同样自成一道优美景致（见图5-3和图5-4）。

图5-3 雪后红枫

图5-4 树挂

5.4.2 地形要素

城市道路空间，路径线形走向常受地形和地势影响，城市道路两侧的绿地形态也各式各样，有的呈现总体高低起伏，有的为坡度较陡的坡面（见图5-5）。城市道路绿地景观设计应随坡就势，形成与之相对应的景观特征。即使平坦地段，也可利用微地形的塑造，使景观丰富变化（见图5-6）。

图5-5　道路坡面地形绿化处理

图5-6　道路绿地一侧的微地形结合植物景观

5.4.3 水体要素

水是景观体系中最具活力和灵气的要素，它的表现形式有自然水体和人工水体两种。人类有与生俱来的亲水天性，人们可以通过视觉、听觉、触觉多方位地欣赏和接近水体，产生令人陶醉的景观感受。在城市道路绿地景观设计中可以依水建设滨水景观道路，也可以将江、河、湖、海的水引入城市道路绿地，甚至可以人工建设小型水景，如涌泉、跌水、溪流、小型瀑布等，无论哪种方式都能使道路空间景观更加丰富（见图 5-7）。

图 5-7　宜宾市南溪区滨江道路绿地景观

5.4.4 植物要素

植物材料是构成城市道路绿地景观的核心要素，城市道路绿地景观的生态、经济、美观效益，很大程度上取决于园林植物材料的合理选择和配置。园林植物种类繁多，主要包括乔木、灌木、花卉、地被及藤本植物。植物材料树形各异，其叶、花、果更是色彩丰富，绚丽多姿。植物的生长过程中所体现的万千生机和变化，为营造园林景观提供了广阔天地。植物造景特点主要体现在以下几个方面：首先，植物本身具有独特的姿态、色彩、风韵之美，不同的园林植物形态各异，变化万千，既可孤植以展示个体之美，又能按照一定的构图方式配置，表现植物的群体美，还可根据各自生态习性，合理安排，巧妙搭配，营造出乔木、灌木、草结合的群落景观；其次，植物本身是一个三维实体，是营造园林景观空间结构的主要手段，可以根据空间的大小，树木的种类、姿态、株数多少及配置方式来组织划分出丰富多样的道路景观空间；再次，园林植物随着季节的变化表现出不同的季相特征，春季繁花似锦，夏季绿树成荫，秋季硕果累累，冬季枝干遒劲，这些盛衰荣枯的生长规律，为我们创造园林四时演变的时序景观提供了条件；最后，园林植物的生态分布呈现较强的地域性，正确选用本地的乡土树种，能形成浓郁的地方特色，对地方文化弘扬、人们辨识和归属感具有重要意义。例如，日本的樱花、北京的国槐、哈尔滨的丁香、广州的木棉等（见图5-8～图5-11）。

图5-8　日本的樱花

图5-9　北京的国槐

图5-10　哈尔滨的丁香

图5-11　广州的木棉

5.4.5　硬质要素

城市道路绿地景观的硬质要素主要包括：园林建筑物与构筑物、铺装、园林小品、园林家具及各种市政设施等。这些硬质景观功能各异，有的以实用性为主，有的以观赏和视觉传达为主，如路灯、草坪灯、装饰灯、公用电话亭、邮筒、果皮箱、公交车站亭、人行天桥、栏杆、广告栏、指示牌、交通标志等；有的以休憩为主，如花坛、花钵、水池、喷泉、雕塑、景石、休息座椅、休息亭廊等；这些硬质景观要素不仅具备很高的使用和美学价值，有些更是文化的载体,在城市道路景观营造中,起到"突出主题""画龙点睛"的作用(见图5-12~图5-14)。

图 5-12　某城市道路中间分车带绿地运动主题雕塑群效果图

图 5-13　某城市道路路侧绿带"拓荒牛"主题雕塑效果图

图 5-14　某城市道路中间分车带标识景观效果图

5.5　各类城市道路绿地景观设计

5.5.1　城市交通性道路绿地景观设计

交通性道路在城市道路的构成中占有主导地位，因此城市交通性道路绿地景观最能体现城市的风貌和城市特色。道路绿地中绿化的断面形式与道路的断面布置形式密切相关，完整的道路是由机动车道、非机动车道、分车带、人行道等几部分组成。城市道路的横断面形式常见的有以下几种形式：一板两带式（见图 5-15）、二板三带式（见图 5-16）、三板四带式（见图 5-17）以及四板五带式（见图 5-18），其中三板四带式最适合现代化交通发展的要求，是城市交通性道路发展的主导趋势。

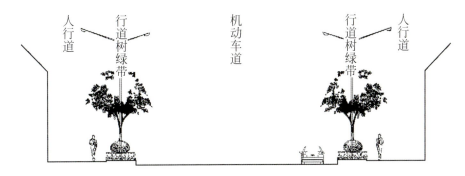

图 5-15　一板两带式道路绿地断面图

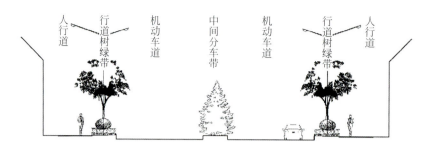

图 5-16　两板三带式道路绿地断面图

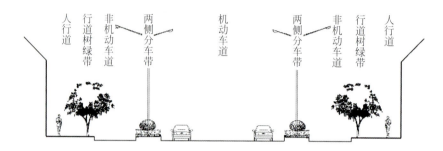

图 5-17　三板四带式道路绿地断面图

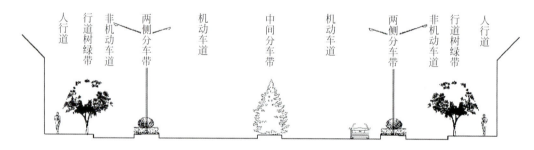

图 5-18　四板五带式道路绿地断面图

1）景观特点

（1）从城市道路性质看，交通性道路主要为城市的快速路和主干道，道路都较长，支路较少，交叉口明显，并且周边散布着大量不同形式、风格、色彩的建筑物。

（2）从交通方式来看，交通性道路多为机动车使用，行驶速度较快，对道路两侧景观环境分辨距离较大，因此造成对道路绿地景观细节的敏感度不高。

（3）从植物种植的方式来看，如果机动车道较为狭窄，两侧分车绿带不宜采取距离较长的树篱式，否则易给人带来"绿色隧道"的错觉。如果道路路幅较宽，应该采用有节奏、整体性较强的植物种植方式，否则容易出现景观主题不突出的情况。

（4）从安全角度来讲，对交通性道路采用绿带进行安全隔离非常重要，要保证高速行驶中利于驾驶者集中注意力，保证道路绿地景观的安全性。

2)设计方法

(1)行道树绿带设计。

行道树绿带又称为人行道绿带,它是位于车行道与人行道之间,或人行道外侧的带状绿化景观。它的主要功能是为夏季行人和机动车遮阴和美化街景。行道树绿带主要有两种形式,一种是树带式(见图 5-19),另一种是树池式(见图 5-20)。

图 5-19 树带式行道树绿带

图 5-20 树池式行道树绿带

行道树绿带景观设计要考虑主要道路环境与行道树绿带宽度、种植设计形式、树种选择、行道树苗木规格、株距、安全视距三角形、树池设计、与道路走向的关系等因素(见表 5-5)。

表 5-5 行道树绿带景观设计注意事项

问 题 类 型	注 意 事 项
绿带宽度	不应小于 1.5m,如条件允许设计在 3m 以上
种植设计形式	有单株式、间植式、花坛式、宽带式、空间展开式等
树种选择	尽量采用适应性强、冠幅开展、树型美观、萌蘖性强的乡土树种
苗木规格	快长树胸径 8cm 以上,慢长树胸径 10cm 以上,分枝点应在 3m 以上
株距	一般 4~8m,以行道树树种成年后树冠能形成较好的郁闭效果为准
安全视距三角形	安全视距三角形内不能设计行道树,其他植物高度不得超过 0.7m
树池设计	正方形或方形树池尺寸短边长不小于 1.5m,圆形树池直径不小于 1.5m 为宜
与道路走向的关系	南北向道路可交错种植,东西向道路,注意喜阳、耐阴植物的合理配置

(2)分车绿带设计。

分车绿带是在行车道之间用绿化形成的分隔带,也称隔离绿带。分车绿带可分为中间分车绿带和两侧分车绿带。中间分车带又称中间分隔带,其主要目的是用来分隔、组织交通,遮挡来自对面车辆的眩光。同时,在路口的中间分车带端部,是视线集中的地方,易于利用雕塑、景观构筑物小品等形成标志性景观(见图 5-21 和图 5-22)。

图 5-21　哈尔滨市某道路街口标识景观设计效果图 1　　图 5-22　哈尔滨市某道路街口标识景观设计效果图 2

中间分车绿带越宽，其功能性和景观性越强。中间分车绿带景观设计的其他注意事项归纳如表 5-6 所示。

表 5-6　中间分车绿带景观设计注意事项

问 题 类 型	注 意 事 项
绿带宽度	不应小于 2.5m
种植设计形式	合理配置灌木、灌木剪型球、绿篱等枝叶茂密的常绿或落叶植物。若分车带较宽，可使用复层植物群落
树种选择	尽量采用枝叶茂密、适应性强、抗修剪性强的乡土树种
苗木规格	灌木或绿篱高度应在 0.6~1.5m
株距	不得大于冠幅的 5 倍

两侧分车绿带是位于机动车与非机动车或同方向机动车之间的绿带，也是分隔快、慢车道的绿带，又称快慢车分车带和主辅分车绿带。在城市道路绿地景观中，两侧绿带所起的隔离防护和美化作用尤为突出，它离污染源最近，能有效地过滤、减尘、降噪，与行道树绿带共同配合，更好地为非机动车和行人提供舒适的交通环境（见图 5-23）。我国目前两侧分车绿带的形式较多，根据分车带的路段功能不同，可分为乔木草坪式、草坪花坛式、端头部位通透式、停靠站点式、复层植物配置式等多种形式，不同形式的两侧分车绿带适用范围详见表 5-7。

表 5-7　不同形式的两侧分车绿带适用范围

两侧分车带形式	适 用 范 围
乔木草坪式	两侧建筑形象壮观、分车绿带较窄
草坪花坛式	土层浅、土质贫瘠或为强调某路段氛围的特殊路段
端头部位通透式	为保证安全行车视距，在分车带端部设置，植被高度小于 0.7m 或处理成铺装
停靠站点式	为公交开辟的港湾式停靠站的分车带
复层植物配置式	宽阔干道，两侧建筑形象壮观、分车带较宽

图 5-23　某城市两侧分车绿带景观设计效果图

（3）路侧绿带设计。

较宽的路侧绿带是实现城市道路绿带生态性的最重要保障，道路红线的宽度及各道路所处的环境不同，造就了各种形式的路侧绿带景观。路侧绿带景观设计应与沿路用地性质或建筑物性质相符，有的建筑需要绿化防护，有的建筑需要绿化衬托，有的建筑需要留出入口。设计时要兼顾建筑立面景观等街景的需要，还需要保持道路景观的连续、完整和统一（见图 5-24 和图 5-25）。当路侧绿带宽度大于 8m，且人流量较大时，就可以将其设置成开发式带状游园形式，方便行人集散和休息，提高绿地的使用功能。此外，城市中经常

图 5-24　哈尔滨市某主干道路侧绿带景观设计效果图

出现道路红线与公园绿地、宅旁绿地、公共建筑前绿地相连的情况,就要协同考虑,密切配合,使其完美结合,形成和谐的城市绿地景观整体。

图 5-25 哈尔滨市某厂区路侧绿带景观设计效果图

5.5.2 城市商业性道路绿地景观设计

1)景观特点

城市商业步行街是一个城市最有活力的部分。商业性道路绿地景观的特点是道路两侧以商业空间为主体,城市商业性道路大多禁止机动车辆通行,道路景观在满足人们步行、休息、社交、聚会和购物的前提下,需要兼顾烘托商业氛围。两侧商业建筑的性质和路侧场地空间特征是其设计的主要影响因素。

2)设计的方法

城市商业性道路简称为商业街,绿地景观设计应从道路环境特色入手进行构思和多样化设计,增加商业步行街的景观效果,具体设计要点有以下几点:首先,应具有时代特征,与现代建筑相适应,可采用一些新型技术与材料,体现高科技;其次,要关注传统文化的保护和延续,很多商业街都有悠久的历史传统,传承百年的老字号、古色古香的建筑犹如曼妙的历史画卷,在设计时要注意保护原有风貌,并对历史文脉进行巧妙地延续;再次,要关注人性化,商业街绿地不同于其他性质的道路绿地,其步行人流量大,要巧妙地布置电话亭、垃圾箱、路灯、座椅、标识牌等各种环境设施,提高方便性和舒适性,体现人文关怀;最后,集约布置绿化要素,在绿化景观设计时,采取"见缝插针"的做法,通过行道树、草坪、花坛和花架、花车、花钵等垂直绿化的设置,最大限度地增加其绿化覆盖率,改善步行生态环境(见图 5-26 和图 5-27)。

项目5 城市道路绿地景观设计

图 5-26　哈尔滨市某商业街绿地景观设计效果图

图 5-27　鄂尔多斯市某商业街绿地景观设计效果图

5.5.3 交通岛绿地景观设计

1)景观特点

交通岛绿地又称为"交通绿岛",分为中心岛绿地、导向岛绿地和立体交叉绿岛。交通岛绿地景观应充分考虑组织交通、引导车流、维护交通安全、美化市容等多方面的功能。大多交通岛绿地均为封闭式的,不允许行人进入岛内进行各种游憩活动。所以,对于交通岛绿地的设计,首先要留有足够的安全视距以保证通行的安全性,各路口之间的行车视线要确保通透,同时可以利用绿化植被,强化交通岛外缘的线形,从而利于引导驾驶员的行车视线。

2)设计方法

(1)中心岛绿地景观设计。

城市道路的中心岛俗称"转盘",一般位于交叉路口中心,用路缘石围砌成岛状,可用来绿化的路面设施。它的主要作用是组织环形交通,使进入交叉口的车辆围绕其逆时针单向驶出。目前,我国采用的中心岛一般为圆形或椭圆形,直径一般为40~60m,小城镇中心岛直径一般也不小于20m。

中心岛要保持各路口之间的行车视线通透,方便驾驶员快速识别驶出路口,不宜过密种植乔木、大灌木;此外,中心岛车流量大,除非中心岛面积很大,或有垂直人行交通进入,否则不宜设置游憩景观设施,尽量避免行人进入。中心岛绿地处于道路视线焦点,景观设计应注重植物的色彩与季相的丰富性,常以嵌花草坪、盛花花坛或低矮的灌木等组合成简洁、色彩明快、优美的线条或图案(见图5-28和图5-29)。

图5-28 上海市某中心岛实景

图 5-29　哈尔滨市某中心岛设计效果图

（2）导向岛绿地景观设计。

导向岛绿地是指位于交叉路口上可绿化的导向岛上的用地，它的主要功能是以指引行车方向、约束行道，使车辆减速转弯、保证行车安全。导向岛绿化常以草坪、地被植物为主，不遮挡驾驶员视线。城市导向岛绿地常和人行道同时布置（见图 5-30）。

图 5-30　某城市交叉口导向岛设计效果图

（3）立体交叉绿岛景观设计。

立体交叉绿岛一般为互通式，由两个不同平面的车道，通过匝道连通，匝道与主次干道之间围合出面积较大的绿岛。因车道位于不同平面,立体交叉绿岛常有一定的坡度,设计时要考虑种植草坪、地被等护坡植物,解决绿地的水土流失问题。对于局部高差变化较大的区域,可设挡土墙,确保绿地的地坪坡度不超过5%。立体交叉绿地通常处于开敞的空间,在植物配置上,可采用不同株树的树丛、孤植树,配以适当面积的草坪、缀花地被、宿根花卉等形成疏朗开阔的景观氛围(见图5-31)。切忌种植过高的绿篱及过多的乔木,以免产生阴暗郁闭感。同时,在绿地中还可用主题雕塑以及其他景观构筑物进行点景,以突出城市标志形象(见图5-32)。在树种选择上,在背阴坡面,多选用耐阴和半耐阴的园林植物,建议多采用藤本攀缘植物,如爬山虎、地锦、常春藤、薜荔等,实现桥体的立体绿化。

图 5-31 长春市某地立体交叉绿岛设计平面图

图 5-32 内蒙古自治区某市立体交叉绿岛设计效果图

5.5.4 交通广场与停车场绿地景观设计

1）景观特点

交通广场绿地指的是依附于城市道路的、以交通为主要功能的绿地，与公园绿地范畴内的广场有所区别，它是位于城市道路用地之内的街头广场绿地，通常会与观赏、游憩、停车等功能相结合，是一种共享性较强的城市公共开放空间，这类广场的绿地率一般较低。

停车场绿地是交通设施用地中的一部分。由于城市的汽车保有量飞速增长，停车场的需求量也在不断增加，在城市建设用地中的比重也在不断增加，停车场绿地可分为周边式、树林式、建筑物前广场兼停车场三类。

2）设计方法

（1）交通广场绿地景观设计。

交通广场分为两类：①道路交叉的扩大，疏导多条道路交汇所产生的不同流向的车流与人流交通；②交通集散广场，主要解决人流、车流的交通集散，如影剧院、体育场、展览馆前的广场以及交通枢纽站前广场等（见图5-33）。交通广场的功能主要是组织交通，所以在设计上必须首先服从交通安全的需要，能有效地疏导车辆和行人。面积较小的广场可采用草坪、地被、绿篱等不影响驾驶员视线的矮小植株进行封闭式布置。面积较大的广场，可以适当采用树丛、灌木等组合不同形式的空间，但在行车道的转弯处不宜使用过高、过密、过于艳丽的绿化形式。

图 5-33　兰州高铁站站前广场设计效果图

（2）停车场绿地景观设计。

停车场的设计由最早的单纯实现停车功能，转变为当今的生态景观，实现功能和生态的有机结合。周边式停车场绿地，需与行道树结合进行绿化设计。可用绿篱、栅栏围合出独立的空间，起到隔离的作用，强调场地界限，便于管理。同时，场地中增植遮阴效果强的大树，起到遮阴作用。对于树林式停车场绿地，需在场地内行列式种植夏季遮阴效果好且分枝点较高的落叶乔木，从而营造适宜人、车停留的空间。对于建筑物周围广场兼做停车之用的停车场，首先应采用乔木、灌木、草和绿篱等对其进行围合，同时也可与行道树结合，形成双面景观，服务于道路和建筑两者，衬托建筑，美化街景，同时对人、车的安全起了一定的保护作用（见图5-34和图5-35）。

图5-34　哈尔滨市某办公楼前停车场效果图

图5-35　宜兴市湖㳇景区停车场实景

任务实施

1. 获取项目信息资料

根据委托方提供的该道路的规划图及相关信息,可知该道路是该城市主要干道,道路总长约10km,选取其中200m作为标准段进行设计,其他参照此模式进行施工。道路红线宽度为85m,规划控制的断面形式为四板五带式,中间分车带宽9m,机动车道宽14m,两侧分车带宽1.5m,非机动车道宽3m,人行道绿带宽1.5m,人行道宽3m,路侧绿带宽15m。委托方设计任务书中提出设计时需关注以下三个重点问题。

(1)景观设计形式简洁、明快,可实施性强。

(2)在硬质和软质工程的选材上,既能达到良好效果,又能控制建设成本。

(3)为体现城市文化内涵,利用中间分车带和路侧绿带设置景观节点,且需融入当地蒙古族文化元素。

2. 方案的构思与生成

根据项目的特点,两侧分车带和人行道绿带,都是1.5m,相对较窄,种植乔木,兼具行道树的作用,可根据路段的变化,变换树种。中间分车带宽度9m,采用中间两排乔木为主景(每50m更换树种),外侧各一排中乔木,中乔木前采用灌木、剪型绿篱和花卉组合布置。每隔100m设置一处通透的节点景观,采用绿篱和孤植景观树相组合的形式。最外侧的路侧绿带较宽,可采用复层式种植,乔木、灌木、绿篱、地被花卉合理搭配,形式上背景林带采用规则式种植,中景中乔木与灌木自然配置,但选用较大尺度的同一种树木成片种植,突出植物的绿量,在不同树种相接处,留出一定的透视线,如图5-36所示。具体采用的树种,详见表5-8。

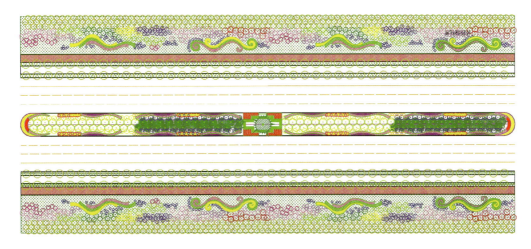

图5-36 200m标准段设计平面图(CAD图)

表 5-8 植物名录表

序号	植物名称	胸径/cm	树高/m	冠幅/m
1	樟子松	–	4.0～4.5	–
2	黑松	–	4.0 以上	–
3	白桦	10～12	4.0～4.5	3.0～3.5
4	银中杨	8～10	3.0 以上	2.0～2.5
5	紫叶李	4～6	1.8～2.0	1.5～1.8
6	金叶榆	6～8	2.0～2.2	1.8～2.0
7	五角枫	8～10	3.0 以上	2.0 以上
8	山杏	8～10	2.5 以上	2.0～2.5
9	山荆子	6～8	2.0 以上	1.8～2.0
10	山楂	8～10	2.5 以上	2.0～2.5
11	紫丁香	–	1.5～1.8	1.2～1.5
12	重瓣榆叶梅	–	1.5～1.8	1.2～1.5
13	黄刺玫	–	1.5～1.8	1.2～1.5
14	锦带	–	1.0～1.2	0.6～0.8
15	小叶丁香球	–	1.0～1.2	1.0～1.2
16	金叶榆篱	–	–	–
17	小叶丁香篱	–	–	–
18	金焰绣线菊	–	–	–
19	蓝色鼠尾草	–	–	–
20	一串红	–	–	–
21	地被菊	–	–	–

景观节点设计，主要分布在较宽的中间分车带和路侧分车带，融入当地蒙古族特有的文化符号（战马、勒勒车、苏鲁锭、图腾柱等），以现代景观材料进行展现。此外，景观路灯、公交站候车区等，也协同考虑，实现风格统一。

3. 方案的表达

方案的表达如图 5-37～图 5-42 所示。

项目5 城市道路绿地景观设计

图 5-37 标准段设计鸟瞰效果图

图 5-38 路侧绿带设计透视效果图

图 5-39 节点景观——中间分车带"万马奔腾"雕塑效果图

图 5-40 节点景观——中间分车带图腾柱群效果图

图 5-41 节点景观——路侧绿带"蒙古战车"雕塑效果图

图 5-42 节点景观——路侧绿带公交候车亭效果图

1. 某城市主干道路绿地设计

如图 5-43 所示为东北地区某城市某条主干道基地现状图，图中阴影所示位置为设计

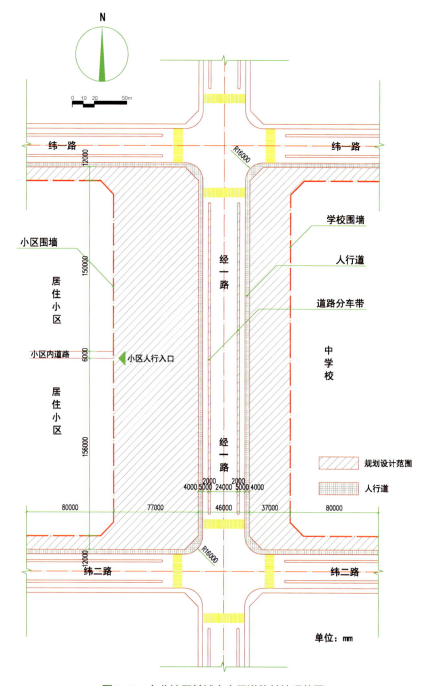

图 5-43 东北地区某城市主干道路基地现状图

范围,包含经一路两侧道路绿带及分车带(宽 2m),道路红线宽度为 60m,总占地面积约为 4.2hm^2。道路西侧为居住小区(居住小区的人行入口如图所示),道路东侧为中学校,基地范围总体北高南低,该城市的历史文化为"金元文化"。根据自己对该项目现状条件的分析及理解,综合利用所学园林设计基本方法和程序进行该基地的分车带设计、道路景观带设计及街旁游园设计。完成设计说明、分车绿带、行道树绿带、道路路侧绿带标准段平面及立面图、街旁游园平面图及效果图。

2. 某城市交通岛绿地(立体交叉绿岛)景观设计

如图 5-44 所示为华北地区某城市交通岛绿地基地现状图,图 5-44 中阴影所示位置为设计范围,共 9 个地块,根据自己对该项目现状条件的分析及理解,综合利用所学园林设计基本方法和程序进行该基地 9 块绿地的景观设计,完成平面图、效果图及种植设计施工图。

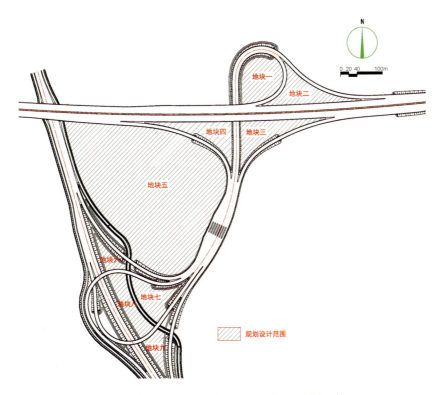

图 5-44 华北地区某城市入城口交通岛绿地基地现状图

项目 5 知识拓展

项目 6　居住区园林绿地景观设计

学习目标

【知识目标】

(1) 了解居住区绿地的组成。
(2) 了解居住区绿地的作用。
(3) 掌握居住区各类绿地的设计要点。

【技能目标】

(1) 能够应用设计的基本步骤对项目进行具体分析。
(2) 能够应用设计的方法对项目进行具体设计和构图。
(3) 能够运用绘图的表现技法进行绘图表达。

工作任务

任务提出

如图 6-1 所示为沈阳市某居住区住宅组团的基地现状图，图 6-1 中绿色的区域为规划设计区域。根据园林设计的原理、方法以及功能要求，结合该居住区具体基地信息，对该组团进行绿地的设计。

任务分析

在了解居住区绿地组成和居住区各类绿地设计要点的基础上，以及了解委托方对项目的要求后，分析各种因素对基地的影响。在对项目进行研究及分析的基础上，根据园林设计原则，对绿地进行设计构思，最终完成对该居住区组团绿地的设计。

任务要求

(1) 了解委托方的要求，掌握该居住区项目概况等基地信息。
(2) 灵活运用园林设计的基本方法，构图新颖，布局合理。
(3) 表达清晰，立意明确，图纸绘制规范。
(4) 完成该组团绿地的现状分析图、设计平面图、局部效果图、整体鸟瞰图等相关图纸。

项目6 居住区园林绿地景观设计 133

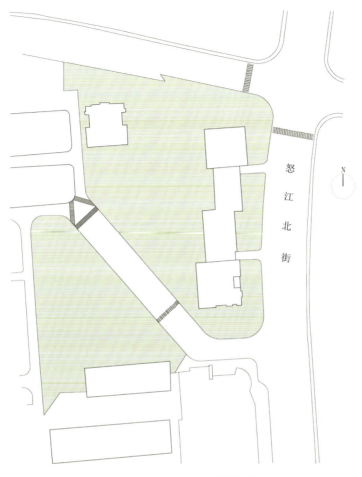

❖ 图 6-1 居住区组团基地现状图

知识准备

6.1 居住区组织结构模式

6.1.1 居住区组织结构模式及用地组成

《城市居住区规划设计标准》(GB 50180—2018)中规定:"居住区按居住户数或人口规模可分为居住区、小区、组团三级"。居住区的规划布局形式可采用居住区—小区—组团、居住区—组团、小区—组团及独立式组团等多种类型,见表6-1。

表 6-1 居住区分级控制规模

	居 住 区	小 区	组 团
户数/户	10000~16000	3000~5000	300~1000
人口/人	30000~50000	10000~15000	1000~3000

6.1.2 居住区的用地组成

居住区的用地根据不同的功能要求，一般可分为以下 4 类。

1）住宅用地

住宅用地指居住区建筑基底占有的用地及其前后左右附近必要留出的一些空地，其中包括通向居住建筑入口的小路、宅旁绿地和杂务院等。

2）公共服务设施用地

公共服务设施用地指居住区各类公共建筑和公用设施建筑物基底占有的用地及其周围的专用地，包括专用地中的道路、场地和绿地等。

3）道路用地

道路用地指居住区范围内的不属于上两项内道路的路面以及小广场、泊车场、回车场等。

4）居住区绿地

居住区绿地包括居住区公共绿地、公共建筑及设施专用绿地、宅旁绿地、道路绿地及防护绿地等。

此外，还有在居住区范围内但又不属于居住区的其他用地。如大范围的公共建筑与设施用地、居住区公共用地、单位用地及不适宜建筑的用地等。

6.2 居住区绿地的组成及作用

6.2.1 居住区绿地的组成

居住区绿地由居住区公共绿地、配套公建绿地、宅旁绿地和道路绿地等组成。

1. 公共绿地

公共绿地是全区居民共同使用的绿地。根据居住区规划结构形式可分为居住区公园、居住小区中心游园和组团绿地。

1）居住区公园

居住区公园是为全居住区服务的居住区公共绿地，规划用地面积较大，相当于城市小型公园，如图 6-2 所示。

❖ 图 6-2　居住区公园

2）居住小区中心游园

居住小区中心游园是指在居住小区内，就近服务居住小区内的居民，具有一定活动内容和设施的集中绿地，如图 6-3 所示。

3）组团绿地

组团绿地是最接近居民的居住区公共绿地，直接靠近住宅建筑，结合居住建筑组群布置的绿地，以住宅组团内的居民为服务对象，如图 6-4 所示。

2. 配套公建绿地

配套公建绿地指居住区内各类公共建筑和公用设施的环境绿地，如居住区俱乐部、影剧院、医院、中小学等用地的环境绿地。

3. 宅旁绿地

宅旁绿地指在居住用地内、建筑四周的绿化用地，如图 6-5 所示。

4. 道路绿地

道路绿地指居住区各级道路红线以内的绿化用地。

❖ 图 6-3　居住小区中心游园

❖ 图 6-4　组团绿地

❖ 图 6-5　宅旁绿地

6.2.2　居住区绿地的作用

1. 营造绿色空间

居住区中较高的绿地标准以及对屋顶、阳台、架空层等闲置或零星空间的绿化应用，为居民多接近自然的绿化环境创造了条件。同时，绿化能够改善小气候，净化空气，阻挡噪声，为居民创造一个有利于身心健康的绿色空间，如图 6-6 所示。

❖ 图 6-6　有利于身心健康的绿色空间

2. 塑造景观空间

绿化种植对建筑、设施和场地能够起到衬托、显露或遮隐的作用，还可用绿化组织空间、美化居住环境，可以大大提高居民的生活质量和生活品质；且有助于保持住宅的长远效益，增加房地产开发企业的经济回报，提高市场竞争力，如图 6-7 所示。

❖ 图 6-7　景色宜人的居住区空间

3. 创造交往空间

社会交往是人心理需求的重要组成部分，是人类的精神需求。通过社会交往，使人的身心得到健康发展。居住区绿地中设有老人、青少年和儿童活动的场地和设施，使居民在住宅附近能进行运动、游戏、散步和休息等活动，是居民社会交往的重要场所，如图6-8所示。

❖ 图 6-8　居住区中下棋、交流的场所

6.3　居住区各类绿地设计

6.3.1　居住区道路绿地设计

道路绿化有利于行人遮阴，保护路基，美化街景，增加居住区植物覆盖面积，能发挥绿化等多方面的作用。在居住区内根据功能要求和居住区规模的大小，道路一般可分为居住区主干道、次干道和宅前小路三级。

1. 主干道绿化

居住区主干道是联系各小区及居住区内外的主要道路，兼有人行和车辆交通的功能，其道路和绿化带的空间、尺度与城市一般街道相似，绿化带的布置可采取城市一般道路的绿化布局形式。其中行道树的栽植要考虑行人遮阴与车辆交通的安全，在交叉口及转弯处要留有安全视距。道路与居住建筑之间，可多行列植或丛植乔灌木，以利于防止尘埃和阻挡噪声；在公共汽车站的停靠点，要考虑乘客候车遮阴的要求，如图6-9所示。

❖ 图6-9 居住区主干道

2. 次干道绿化

次干道（小区级）是联系居住区主干道和小区内各住宅组团之间的道路，是组织和联系小区各项绿地的纽带，对居住小区的绿化面貌有很大作用，宽6~7m。次干道行驶的车辆虽然较主要道路少，但绿化布置时，仍要考虑交通的要求。道路与居住建筑间距较近时，要注意防尘和隔声。次干道还应满足救护、消防、运货、清除垃圾及搬运家具等车辆的通行要求，当车道为尽端式道路时，绿化还需与回车场地结合，使活动空间自然优美，如图6-10所示。

3. 住宅小路的绿化

住宅小路是联系各住户或各居住单元前的道路，宽3~4m，主要供人行。绿化布置要适当后退，以便必要时急救车和搬运车驶近住宅；在小路交叉口有时可以适当拓宽，与休息场地

❖ 图6-10 居住区次干道

结合布置；宅间小路在满足功能的前提下，应曲多于直，宜窄不宜宽；路旁植树不必按行道树的方式排列种植，可以断续、成丛灵活布置，与宅旁绿地、公共绿地的布置结合起来，形成一个相互关联的整体，如图 6-11 所示。

❖ 图 6-11　住宅小路

6.3.2　居住区公共绿地设计

1. 居住区公园

居住区公园是为整个居住区的居民服务的，布局在居住人口规模达 3 万 ~5 万人的居住区中。面积通常在 $1hm^2$，相当于城市小型公园。为方便居民使用，通常布置在居住区中心位置，居民步行到居住区公园 10min 左右的路程，服务半径以 800~1000m 为宜。

公园内设施和内容比较齐全丰富。除植物栽植外，有一定比例的建筑、园林小品、活动场地和配套的活动设施。设施的布置应考虑其相互之间的干扰及使用的方便，需要考虑功能分区，主要是动、静的分区。在活动区内可包括游戏场地、体育运动场地等；安静区内可包括休息与观赏的绿地，阅读、文化、宣传等用地。公园空间布局较为紧凑，各功能区或景区空间的节奏变化较快。

居住区公园在用地规模、布局形式和景观构成上与城市公园无明显的区别，与城市公园相比主要是游人成分单一，主要是本居住区的居民，因此在设计时要特别注重居民的使用要求，而居民游园时间较集中，多在一早一晚，特别在夏季晚上是游园的高峰。因此，居住区公园设计要多考虑晚间游园活动的需求，加强公园晚间亮化、彩化、照明配电和夜香植物的布置，如图 6-12 所示。

❖ 图 6-12　某居住区公园平面图

2. 居住小区中心游园（以下称小游园）

1）规模

小游园用地规模应根据其功能要求来确定。如果面积太小，不便于设置老年人、儿童的游戏活动场地；而如果集中太大面积，不设分散的小块绿地，则会减少公共绿地的数目，给居民带来不便。因此，在国家规定的定额指标上，应采用集中与分散相结合的方式，使小游园面积为小区公共绿地总面积一半左右。

2）位置

小游园是为居民提供工余、饭后活动休息的场所，利用率高，要求位置要适中，以方便居民的使用为宜，服务半径以 200~300m 为宜，最多不超过 500m，步行 3~5min。在规模较小的小区中，小游园可在小区的一侧沿街布置或在道路的转弯处两侧沿街布置，这种临街的居住区公共绿地对美化街景起重要作用，又方便居民、行人进入公园休息，并使居住区建筑与城市街道间有适当的过渡，减少城市街道对居住区的不利影响。在较大规模的小区中，可布置成几片绿地贯穿整个小区，居民使用更为方便，同时也在小区内形成一条绿色景观带，如图 6-13 和图 6-14 所示。

3）规划形式

根据小游园构思立意、地形状况、面积大小、周围环境和经营管理条件等因素，小游园平面布置形式可采用规则式、自然式、混合式。

❖ 图 6-13 临街的居住小区小游园

❖ 图 6-14 位于居住小区中心的小游园

（1）规则式：园路、广场、绿地、水体等依循一定的几何图案进行布置，有明显的主轴线，对称布置或不对称布置，给人以整齐、明快的感觉，如图 6-15 所示。

（2）自然式：布局灵活，充分利用自然地形、山丘、坡地、池塘等，采用迂回曲折的道路穿插其间，给人以自由活泼、富于自然气息之感，如图 6-16 所示。

❖ 图 6-15 规则式居住小区小游园　　❖ 图 6-16 自然式居住小区小游园

（3）混合式：规则式及自然式相结合的布置，如图 6-17 所示。

❖ 图 6-17 混合式居住小区小游园

4）内容安排

（1）入口：为方便附近居民，常结合周围道路、建筑情况，在居民的主要来源方向设置出入口。入口处应适当放宽道路或设小型内外广场以便集散，内可设花坛、假山石、景墙、雕塑等作对景。入口两侧植物以对植为好，有利于强调出入口并衬托入口设施，如图 6-18 所示。

❖ 图 6-18 居住小区小游园入口效果图

（2）场地：小游园可设儿童游戏场、青少年运动场和成人、老年人活动场。

儿童游戏场的位置要便于儿童前往和家长照顾，也要避免干扰居民，一般设在入口附近稍靠边缘的独立地段上。场地应铺设软质铺装材料，如草皮、沙质土、塑胶面砖等。场地内可设置秋千、滑梯、转椅、涉水池、沙坑等活动设施，旁边应设坐凳供家长休息用。场地上应设高大乔木以供遮阳，如图6-19所示。

❖ 图6-19 儿童活动场地

青少年运动场设在公共绿地的深处或靠近边缘独立设置，以避免干扰附近居民，场地应以铺装场地为主，适当安排运动器械及坐凳。

成人、老年人活动场可单独设立，也可靠近儿童游戏场。活动场内应多设桌椅、坐凳、亭、廊架等，便于下棋、聊天等。一般以铺装地面为主，便于开展各种活动，如图6-20所示。

❖ 图6-20 老年人活动场地

（3）园路：园路是小游园的骨架，既是连通各休息活动场地及景点的脉络，又是分隔空间和居民休息散步的地方。园路布局宜主次分明、导游明显，以利平面构图和组织游览；园路宽度以不小于2人并排行走的宽度为宜，最小宽度为0.9m，一般主路宽2~3m，次路宽1.2~2m；园路宜呈环状，忌走回头路；园路的走向、弯曲、转折、起伏，应随着地形自然进行。通常园路也是绿地排水的渠道，因此需保持一定的坡度，横坡一般1.5%~2.0%，纵坡1%左右。超过8%时要布置台阶。

扩大的园路就是广场，小游园的小广场一般以游憩、观赏、集散为主，设置花坛、雕塑、喷水池、座椅、花架、柱廊等，有很强的装饰效果和实用效果，为人们休息、游玩创造了良好的条件。

（4）地形：小游园的地形应因地制宜地处理，因高堆山，就低挖池，或根据场地分区，造景需要适当创造地形，地形的设计要有利于排水，以便雨后及早恢复使用。

（5）植物配置：在满足小游园游憩功能的前提下，尽可能地通过植物的姿态、体形、叶色、花期、季相变化和色彩配合，创造一个优美的环境。树种选择既要统一基调，又要各具特色，做到多样统一；多采用乡土树种，避免选择有毒、带刺、易引起过敏的植物。

（6）园林建筑小品：小游园以植物造景为主，适当布置园林建筑小品，能丰富绿地内容，增加游憩趣味，空间富于变化，起到点景作用，也为居民提供停留休息观赏的地方。小游园面积小，又为住宅建筑所包围，因此园林建筑小品要有适当的尺度感，总的来说宜小不宜大，宜精致不宜粗糙，宜轻巧不宜笨拙，使之起到画龙点睛的效果。小游园的园林建筑及小品主要有桌、椅、坐凳，宜设在水边、铺装场地边及建筑物附近的树荫下，应既有景可观，又不影响其他居民活动，如图6-21~图6-23所示。

❖ 图6-21 矮墙式坐凳

❖ 图6-22 动物造型坐凳

① 花坛：宜设在广场上、建筑旁、道路端头的对景处，一般抬高30~45cm，这样即可当坐凳又可保持水土不流失。花坛可做成各种形状，既可栽花，也可植灌木、乔木及草，还可摆花盆或做成大盆景，如图6-24所示。

❖ 图 6-23　园路、广场边布置的园椅、园凳

❖ 图 6-24　广场上设置的花坛

② 水池、喷泉：水池的形状可自然可规则，一般自然形的水池较大，常结合地形与山体配合在一起；规则形的水池常与广场、建筑配合应用，喷泉与水池结合可增加景观效果并具有一定的趣味性。水池内还可以种植水生植物。无论哪种水池，水面都应尽量与池岸接近，以满足人们的亲水感，如图 6-25～图 6-29 所示。

❖ 图 6-25　亲水感的水池

❖ 图 6-26　规则式壁泉

❖ 图 6-27　规则式喷泉 1

❖ 图 6-28　规则式喷泉 2

③ 景墙：景墙可增添园景并可分隔空间。常与花坛、花架、座凳等组合，也可单独设置。景墙上既可开设窗洞，也可以实墙的形式起分隔空间的作用，如图 6-30 所示。

❖ 图 6-29　自然式水池

❖ 图 6-30　景墙

④ 亭、廊、花架：亭一般设在广场上、水边、园路的对景处和地势较高处。廊用来连接园中建筑物，既可供人休息，又可遮阳、挡雨。花架常设在铺装场地边，不仅可供人休息，又可分隔空间，花架可单独设置，也可与亭、廊、墙体组合，如图 6-31～图 6-33 所示。

⑤ 山石：在绿地内的适当地方，如建筑边角、道路转折处、水边、广场上、大树下等处可点缀些山石，山石的设置可不拘一格，但要尽量自然美观，不露人工痕迹，如图 6-34～图 6-37 所示。

❖ 图6-31 亭、花架组合

❖ 图6-32 欧式亭

❖ 图6-33 不同造型的亭、廊、架

❖ 图 6-34　山石与植物的配合

❖ 图 6-35　道路转折处布置的山石

❖ 图 6-36　山石与水景的配合

❖ 图 6-37　山石汀步

⑥ 栏杆、围墙：设在绿地边界及分区地带，宜低矮、通透，不宜高大、密实，也可用绿篱代替。

⑦ 挡土墙：在有地形起伏的绿地内可设挡土墙。高度在 45cm 以下时，可当坐凳用。若高度超过视线，则可做成几层，以减小视觉高度，如图 6-38 和图 6-39 所示。

⑧ 园灯、雕塑：园灯一般设在广场上、雕塑旁、建筑前、桥头、入口处、道路转折处、草坪上、花坛旁等。园灯的设置应与环境相协调，造型应具有一定装饰趣味，符合使用要求；雕塑小品可配置在规则式园林的广场、花坛、林荫道上，也可点缀在自然式园林的山坡、草地、湖畔或水中，如图 6-40 所示。

❖ 图 6-38　挡土墙 1

❖ 图 6-39　挡土墙 2

❖ 图 6-40　雕塑小品的应用

3. 居住生活单元组团绿地（以下称组团绿地）

组团绿地是直接联系住宅的公共绿地，服务对象是组团内的居民，特别是就近为组团内老年人和儿童提供户外活动的场所，服务半径小，使用效率高。一般组团绿地面积在 1000m² 以上，服务居民 2000 人以上。

1）位置

组团绿地的位置根据建筑组群的不同组合而形成，可有以下几种方式。

（1）周边式住宅间：这种组团绿地有封闭感。由于将楼与楼之间的庭院绿地集中组成，若建筑密度相同，这种形式可以获得较大面积的绿地，便于居民从窗内看管在绿地上玩耍的儿童，如图 6-41 所示。

（2）扩大住宅间的间距：在行列式布置中，将住宅间距扩大到原间距的 1.5~2 倍，在扩大的住宅间距中布置组团绿地，可以改变行列式住宅的单调狭长空间感，如图 6-42 所示。

❖ 图 6-41　周边式住宅间的组团绿地

❖ 图 6-42　扩大住宅间距形成的组团绿地

（3）行列式住宅山墙间：行列式住宅适当拉开山墙距离，开辟绿地，可以为居民提供一块阳光充足的半公共空间，打破了行列式山墙间形成的狭长胡同的感觉，组团绿地又与庭园绿地互相渗透，丰富空间变化，如图 6-43 所示。

（4）住宅组团的一角：在不便于布置住宅建筑的角隅空地安排绿地，能充分利用土地，避免出现消极空间。由于在一角，加长了服务半径。

（5）两组团之间：受组团内用地限制而采用的一种布置手法，在相同的用地指标下绿地面积较大，有利于布置更多的设施和活动内容，如图 6-44 所示。

（6）临街组团绿地：组团绿地一面或两面临街布置，使绿化和建筑互相映衬，丰富了街道景观，也成为行人休息之地。

❖ 图 6-43　位于住宅山墙间的绿地　　　　　❖ 图 6-44　位于两组团之间的绿地

（7）自由式布置的住宅，组团绿地穿插其间，空间活泼多变，组团绿地与宅旁绿地结合，扩大绿色空间。

2）布置方式

（1）开敞式：不以绿篱或栏杆与周围分隔，居民可以自由进入绿地内游憩活动。

（2）半封闭式：用绿篱或栏杆与周围分隔，但留有若干出入口，允许居民进出。

（3）封闭式：绿地被绿篱、栏杆所隔离，居民不能进入绿地，只供观赏，使用效果较差。

3）内容安排

组团绿地的内容安排可有绿化种植、安静休息、游戏活动等，还可附有一些小品建筑或活动设施。具体内容要根据居民活动的需要来安排。

（1）绿化种植部分：此部分常在周边及场地间的分隔地带，根据造景和使用上的需要，可种植乔木、灌木、花卉和铺设草坪，也可设花架种藤本植物，放置水池种植水生植物。植物配置要考虑季相景观变化及植物生长的生态要求。具体的绿化配植中，应避免在靠近住宅建筑处种植过密，否则会影响低层住宅室内的采光和通风，但又应通过绿化配植尽量减少活动场地与住宅建筑间的相互干扰。

（2）安静休息部分：此部分应设在远离道路的区域，以便形成安静的氛围。一般多为老年人安坐、闲谈、下棋、阅读或练拳等活动。内可设亭、花架、桌、椅、廊等设施，并布置一定的铺装地面和草地，同时也可设小型雕塑及其他建筑小品供人静赏，如图6-45所示。

（3）游戏活动部分：可分别设计幼儿和少儿活动场，供儿童进行游戏和体育活动，如设置沙坑、游戏器械、戏水池和一些体育运动场地等。此部分应设在离住宅较远的地方，以免噪声影响居民。

❖ 图 6-45　安静休息部分

6.3.3　配套公建绿地设计

配套公建绿地设计指居住区内一些带有院落或场地的公共建筑、公共设施的绿化，是由单位使用、管理并各按其功能需要进行布置。如中小学、托儿所、幼儿园的绿化，如图 6-46 所示。配套公建绿地除了按所属建筑、设施的功能要求和环境特点进行绿化布置外，还应与居住区整体环境的绿化相联系，通过绿化协调居住区中不同功能的建筑、区域之间的景观及空间关系。

6.3.4　宅旁绿地设计

宅旁绿地包括宅前、宅后、住宅之间及建筑本身的绿化用地，面积不大，是居住区绿地中的重要部分，作为居民日常使用频率最高的地方，自然成为邻里交往的场所。其功能主要是美化生活环境，阻挡外界视线、噪声和灰尘，为住宅建筑提供一个满足日照、采光、通风、安静、卫生、优美和私密性等基本环境要求所必需的室外空间。

1. 住户小院的绿化

（1）独户庭院绿化：庭院内应根据住户的喜好进行绿化、美化，多以植物配置为主，配以山石、花坛、水池、花架等园林小品，形成自然、幽静的休闲环境，如图 6-47 所示。

❖ 图 6-46　幼儿园绿地设计　　　　　　　　❖ 图 6-47　某独户庭院绿化实景

（2）底层住户小院绿化：居住在底层的居民有一专用小院，可用绿篱、花墙、栅栏围合起来，内植花木等，布置方式和植物品种随住户喜好，但由于面积较小，宜采取简洁的布置方式，如图 6-48 所示。

❖ 图 6-48　底层住户小院

2. 宅间绿地的布置类型

宅间绿地布置因居住建筑组合形式、层数、间距、住宅类型、住宅平面布置形式的不同而异，归纳起来，主要有以下几种类型。

（1）树林型：以高大的乔木为主，多行成排布置，大多为开放式绿地，居民树下的活动面积大，对改善小气候有良好作用，可搭配灌木和花草，避免单调。同时应注意乔木与住宅墙面的距离，以免影响室内通风和采光，如图6-49所示。

❖ 图6-49　树林型宅间绿地

（2）游园型：当宅间场地较宽时，开辟园林小径，设置小型游戏和休息设施，布置花草树木。此种形式灵活多样，层次、色彩都比较丰富，既可遮挡视线、隔音、防尘和美化环境，又可为居民提供就近游憩的场地，是宅间活动场绿化的理想类型，如图6-50所示。

❖ 图6-50　游园型宅间绿地

（3）草坪型：以草坪绿化为主，在草坪的边缘或某一处种植一些乔木或花灌木、花草，形成疏朗、通透的景观效果，如图6-51所示。

❖ 图 6-51　草坪型宅间绿地

（4）棚架型：以棚架绿化为主，多采用紫藤、凌霄、炮仗花等观赏价值高的攀缘植物，也可结合生产，选用一些瓜果类或药用类攀缘植物。

3. 住宅建筑本身的绿化

（1）入口处理：在住宅入口处，多与台阶、花台、花架等组合进行绿化配植，形成各住宅入口的标志，在入口处注意不要栽种有尖刺的植物，以免伤害出入的居民，如图6-52所示。

❖ 图 6-52　住宅入口绿化

（2）墙基和墙角的绿化：墙基可选用低矮紧凑的常绿灌木作规则式配植，也可用攀缘植物进行垂直绿化，墙角可栽植小乔木、大灌木丛等，改变建筑生硬的线条，如图 6-53 所示。

❖ 图 6-53　住宅墙基绿化

（3）架空层绿化。在近些年新建的居住区中，常将部分住宅的首层架空形成架空层，并通过绿化向架空层的渗透，形成半开放的绿化休闲活动区。这种半开放的空间与周围较开放的室外绿化空间形成鲜明对比，增加了园林空间的多重性和可变性，既为居民提供了可遮风挡雨的活动场所，也使居住环境更富有透气感，如图 6-54 所示。

❖ 图 6-54　架空层景观

（4）墙面和屋顶绿化：不仅能美化环境、净化空气、改善局部小气候，还能丰富城市的俯视景观和立面景观，如图6-55所示。住宅建筑本身是宅旁绿化的重要组成部分，它必须与整个宅旁绿化和建筑的风格相协调。

❖ 图6-55　墙面绿化

4. 宅间绿地设计注意事项

（1）绿化布局和树种的选择要体现多样化，以丰富绿化面貌。居住区中往往存在相同或相似的宅间、宅旁绿地的平面形状、尺寸和空间环境，在具体的绿化设计中应体现住宅标准化与环境多样化的统一。各行列、各单元的绿化布局、树种选择要在基调统一的前提下，各具特色，成为识别的标志，起到区分不同的行列、单元住宅的作用。

（2）住宅周围常因建筑物的遮挡形成面积不一的庇荫区，因此要注意选择耐阴树种配植，以保证阴影部位良好的绿化效果。

（3）窗前绿化要综合考虑室内采光、通风，减少噪声和视线干扰等因素，一般在近窗种植低矮花灌或设置花坛，通常在离住宅窗前8m之外，才能栽植高大乔木，尤其是常绿乔木。

（4）住宅附近管线比较密集，如自来水管、污水管、雨水管、煤气管、热力管等，树木栽植点须与它们有一定的安全距离，具体应按有关规范进行，以免后患。

（5）绿化布置要注意尺度感，以免由于乔木种植过多或选择的树种过于高大，而使绿地空间显得拥挤、狭窄及过于荫蔽。树木的高度、行数、大小要与庭院的面积、建筑间距、层数相适应。

任务实施

1. 获取项目信息资料

获取与该项目相关的图纸资料和委托方对该项目的设计要求。进行现场勘查和测绘，对所收集的资料进行整理和分析，可绘制一些现状分析图。在分析的过程中可能会产生灵感火花，便可随手勾出概念草图，资料整理分析阶段和设计阶段没有绝对的界限。

2. 方案的构思与生成

在分析比较的过程中，将构思迅速用笔记录下来，随手绘制出构思草图。

在本项目中，通过一系列分析，产生了如下设计理念。

人类居住的环境是自然、人、文化和谐共存的回游庭园。人在大自然生活，保持与自然良好的关系来营造生活，从而产生文化，随时间演变成历史，住宅环境就是这样的一个生活平台。随着社会经济的增长，人和自然的协调关系也受到深刻影响，高度化社会发展的潮流中，更应该注意什么是住宅原点——它是培育自然环境的都市生活平台，是创造社区交流的都市生活平台，还是充满文化和艺术氛围的生活平台。

在面积最大的中心绿地中设计出五行之火广场——阳光庭园，目的是创造居民交往互动、陶冶情操的空间（温度+文化），具体表现为结合阴阳对数螺旋的大地造型（热情+探索），条条向大地延伸、探索的花径，不仅给人视觉上的享受，同时还是散步、休闲的场所。设计自然弧线形的四季散步道来体现人在自然中的悠闲自得。设计鸟语林——儿童森林休闲游戏场来放松身心。随着人们压力的增大，人们需要一个能减轻生活压力的环境。

方案草图生成以后（见图6-56），还需要对方案进行推敲，经过不断的修改才能形成最终的方案，如图6-57所示。

❖ 图6-56　方案构思草图

❖ 图6-57　修改后定稿的方案平面图（手绘稿）

3. 方案的表达

好的方案需要好的表达方式,好的方案表达能使设计师和委托方产生理想的沟通效果,从而使他们在短时间内建立起信任感,这点非常重要,这样设计才能最大限度地被委托方所接受。

(1)首先将手绘的方案平面图用 AutoCAD 软件转绘成 CAD 平面图,如图 6-58 所示。在这张图纸的基础上我们可以完成多张设计图纸的绘制。

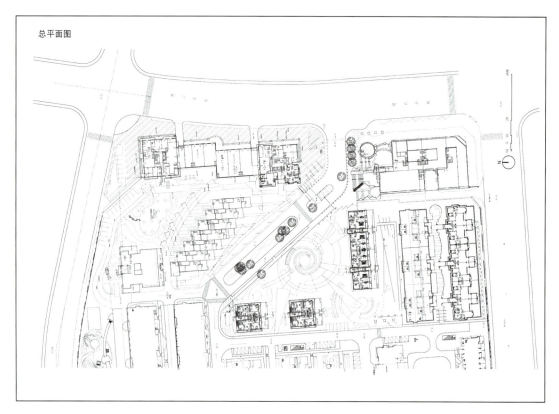

❖ 图 6-58　方案总平面图(CAD 图)

(2)虽然分析草图是在设计方案生成之前完成的,我们在 CAD 方案平面图完成的基础上再完成各种分析图的绘制,这样的图纸看起来更清晰、明确,更有利于同业主交流,如图 6-59 所示。

(3)景观节点效果图的绘制。运用手绘表现技法,或者用 Sketchup、AutoCAD、3D Max 建模,用 Photoshop 后期处理,绘制出景观节点的效果图,如图 6-60~图 6-63 所示。

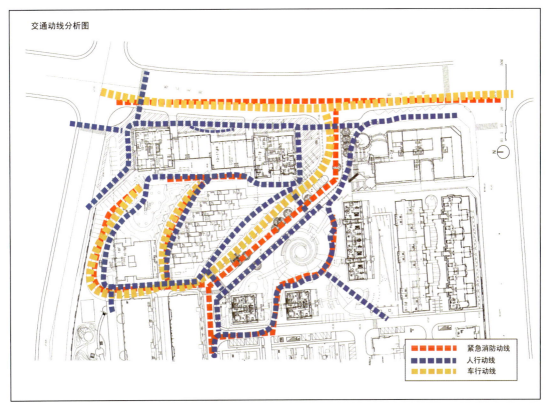

❖ 图6-59 交通分析图

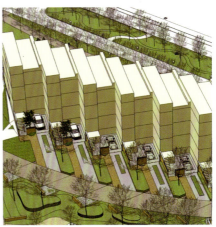

❖ 图6-60 连排别墅北侧停车场效果图

  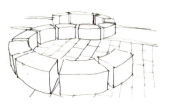

❖ 图 6-61　鸟语林效果图

❖ 图 6-62　连排别墅南侧游步道效果图

项目6 居住区园林绿地景观设计

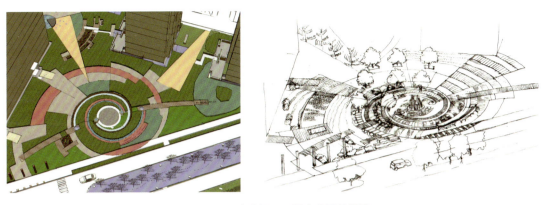

❖ 图 6-63 火广场——阳光庭园效果图

（4）整体鸟瞰图的绘制。绘制方法与局部景观节点相同，如图 6-64。

❖ 图 6-64 组团绿地整体鸟瞰图

图 6-65 所示为东北地区某居住区基地现状图，该项目地块总用地面积 65500m²，其中

可绿化面积约 53500m^2，出入口的位置已经给出。根据自己对该项目的理解，利用园林设计基本方法和基本设计流程进行居住区道路与绿地设计，完成该居住区绿地设计平面图、效果图及设计说明。

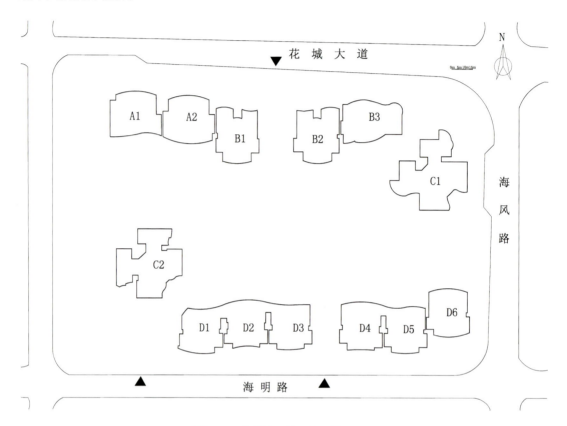

❖ 图 6-65 东北地区某居住区基地现状图

项目 6 知识拓展

项目 7 大学校园绿地景观设计

学习目标

【知识目标】
(1) 了解大学校园绿地设计的原则。
(2) 掌握大学校园分区景点设计要点。

【技能目标】
(1) 能够应用设计的基本步骤对项目进行具体分析。
(2) 能够应用设计的方法对项目进行具体设计和构图。
(3) 能够运用绘图的表现技法进行绘图表达。

工作任务

任务提出

图 7-1 所示为威海市某学院的基地现状图,图 7-1 中绿色的区域为规划设计区域。根据园林设计的原理、方法以及功能要求,结合该校园的具体基地信息,对该校园绿地进行设计。

任务分析

在了解大学校园绿地设计原则和各分区景点设计要点的基础上,以及了解委托方对项目的要求后,分析各种因素对基地的影响。在对项目进行研究及分析的基础上,根据校园的绿化特点,对绿地进行设计构思,最终完成对该校园绿地的设计。

任务要求

(1) 了解委托方的要求,掌握该校园概况等基地信息。
(2) 灵活运用园林设计的基本方法,构图新颖,布局合理。
(3) 表达清晰,立意明确,图纸绘制规范。
(4) 完成该校园的现状分析图,设计平面图、局部效果图、整体鸟瞰图等相关图纸。

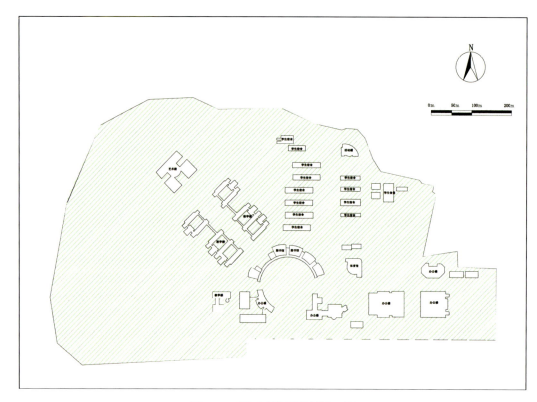

❖ 图 7-1　威海市某学院的基地现状图

知识准备

7.1　校园绿化总体特点

　　校园是人们学习知识文化、增长人生阅历、陶冶高尚情操、培养远大志向，且具有深厚文化内涵的场所。校园环境在实现教育目标的过程中具有重要的辅助作用。一个具有深厚文化内涵、充满活力、朝气蓬勃的校园环境将对校园里学习、工作、生活的人们产生潜移默化的积极影响。园林绿地在校园环境中占有举足轻重的地位。校园绿地的建设不仅仅是一项园林工程，也是一项文化工程。好的校园绿化设计应以师生为本，贯彻实用、美观、经济的基本原则，并能充分体现校园文化特色。

7.2 大学校园绿地设计的原则

大学是培养具有一定政治觉悟，德、智、体全面发展的高科技人才的园地。因此大学校园园林设计应注意以下几点。

1. 以丰富多彩的园林植物为主

根据花木的不同特性，选取恰当的绿化方式，在保证建筑物使用功能的前提下，尽可能创造更多的绿色空间。在绿色中求美，并且充分发挥园林植物保护环境和改善校园环境的作用。如选用藤本植物对校园内墙面、壁面进行垂直绿化，使绿化面积占校园总面积40%~70%。校园中多选用观赏型的花木，以使学生获得更多的环境保护知识。设计中注意选用乡土树种，因为乡土树种往往抗性强，栽植成活率高。在绿化设计中还应注意以乔木为主，灌木为辅。注意长绿与落叶树种、速生与慢生树种、绿色树木与开花树木、花木与草坪、地被植物等的比例和配置。避免形成夏季郁郁葱葱，冬季过分凄凉，或当大量速生树木需更新时原有美丽的景观被破坏等倾向。通过不同品种花木的配置可以形成层次鲜明的景观。

2. 注意环境的可溶性、围合性、领域感、依托感的氛围

凡能形成一定围合、隐蔽、依托的环境，都会使人们渴望在其中停留。在充满温馨的环境中人们会感到轻松，得到休息，并可以调整思绪，静心思考或潜心读书。如在道路旁凹形处绿篱、丛植的树荫下、弯曲的小路尽头等都可以成为别致幽静处。为使学生有相互沟通和交流的地方，也要设计一些适合小集体活动的场所。

3. 注意点、线、面结合

点是景点，线是道路，面是绿地。设计应使三者在绿化功能上、景色配置上相互补充和依托。只有三者密切结合才能使校园景色和谐完美，成为一个有机的整体。

4. 创造多层次的空间

多层次的空间供学生、教师学习、交往、休息、娱乐、运动、赏景和居住。通过环境的塑造，体现校园的文化气息和思想内涵，给他们以鼓舞，使学生们生动活泼，积极向上，充满青年人的朝气；使他们热爱祖国，热爱集体，热爱校园生活。

5. 适当点缀园林小品

园林小品的设置使环境更具实用性，而且充满教育意义和人情味、亲切感和鲜明的时代特征。

7.3 大学校园分区景点设计

大学一般有明显的分区,每个分区的园林绿化风格应具有不同的特色,其特色要与该区的主要建筑物相互依托、映衬、渲染,使树木和建筑物都不同程度地增加观赏美。每个分区的绿化风格应与整个校园的风格一致。

7.3.1 大门、出入口

校园大门、出入口是校园给人们的第一印象,一般在此形成广场和集中绿化区。它应具有本校园明显的特征,成为全校重点绿化美化地区之一。学校大门的绿化要与大门建筑形式相协调;要多使用常绿花灌木,形成开朗而活泼的门景;以速生树、常绿树为主,形成带状的绿色围墙,减少风沙对学校的袭击和外围噪声的干扰。大门及门内绿化要以装饰性绿地为主,突出校园安静、美丽、庄重、大方的特点。主楼前的绿地设计要服从主体建筑,只起陪衬作用。大门内可设置小广场、草坪、花灌木、常绿小乔木、绿篱、花坛、水池、喷泉和能代表学校特征的雕塑和雕塑群。树木的种植不仅不能遮挡主楼,还要有助于衬托主楼的美,与主楼共同组成优美的画面。主楼两侧的绿地可以作为休息绿地。

学校大门绿化设计以规则式绿地为主,以校门、办公楼或教学楼为轴线,大门外使用常绿花灌木形成活泼而开朗的门景,两侧花墙用藤本植物进行配置。在学校四周围墙处,选用常绿乔灌木自然式带状布置,或以速生树种形成校园外围林带。大门外面的绿化应与街景一致,但主要体现学校特色。在主干道两侧植高大挺拔的行道树,外侧适当种植绿篱、花灌木,形成开阔的林荫大道,如图7-2所示。

❖ 图7-2 中国计量大学大门绿化

大学校园一般占地面积较大，入口处绿化面积相应较大。平面布局往往是大门内外和主楼前后设有广场和停车场。广场布置大型花坛或由数个花坛组成花坛群，其中心种植树形优美的常绿树或设置喷水池、雕塑加以点缀；停车场边缘或场内应尽可能地种植几株大型速生树，为车辆遮阴。大门通向主楼的道路两侧绿化很重要，根据道路宽度，选择比例适当、树冠为大、中型的观赏树作为行道树，如银杏、国槐、泡桐、毛白杨和栾树等。路侧外如有绿地，边缘种植绿篱、花篱或围以栏杆。绿地内可按小花园、封闭式、装饰性绿地进行布置。不论哪种类型的绿地都应在考虑绿化功能的前提下，注重植物材料的观赏效果，如图7-3所示。

❖ 图7-3　某大学主楼前景观设计

7.3.2　教学科研区绿地设计

教学科研区绿地主要是指教学科研区周围的绿地，一般包括教学楼、实验楼、图书馆以及行政办公楼等建筑，其主要功能是满足全校师生教学、科研的需要，为教学科研工作提供安静优美的学习与研究的氛围，也为学生创造适当活动的绿色室外空间，其绿地一般沿建筑周围、道路两侧呈条状或团块状分布。

教学科研主楼前的广场设计，一般以大面积图案铺装为主，结合花坛、草坪，布置喷泉、雕塑、花架、园灯等园林小品，体现简洁、开阔的景观特色。

为满足学生休息、集会、交流等活动的需要，教学楼之间的广场空间应注意体现其开放性、综合性的特点。同时可结合地形和空间设计小游园。绿地布局平面上要注意其图案构成和线形设计，以丰富的植物及色彩形成适合师生在楼上俯视的鸟瞰画面，立面要与建筑主体相协调，衬托并美化建筑，使绿地成为该区空间的休闲主体和景观的重要组成部分。教学楼周围的基础绿带，在不影响楼内通风采光的条件下，多种植落叶乔灌木，如图 7-4 所示。

❖ 图 7-4　南昌市某学校教学主楼前广场景观设计

实验楼的绿化同教学楼，还要根据不同实验室的特殊要求，在选择树种时，综合考虑防火、防爆及空气洁净程度等因素。

大礼堂是集会的场所，正面入口前设置集散广场，内容相应简单。礼堂周围基础栽植，以绿篱和装饰树种为主。礼堂外围应根据道路和场地大小布置草坪、树林或花坛，以便人流集散，如图 7-5 所示。

❖ 图 7-5　某大学礼堂外围绿地景观设计

图书馆是图书资料的储藏之处，为师生教学、科研活动服务，也是学校标志性建筑，其周围的布局和绿化与大礼堂相似。

7.3.3　学生生活区绿地设计

学生生活区为学生生活、活动区域，主要包括宿舍、食堂、浴室、商店等生活服务设施及部分体育活动器械。该区与教学科研区、体育活动区、校园绿化景区、城市交通及商业服务有密切联系。一般情况，绿地沿建筑、道路分布，比较零碎、分散。但是该区又是学生课余生活比较集中的区域，绿地设计要注意满足其功能性。生活区绿化应以校园绿化基调为前提，根据场地大小，兼顾交通、休息、活动、观赏诸功能，因地制宜地进行设计。食堂、浴室、商店、银行、邮局前要留有一定的交通集散及活动场地，周围可留基础绿带，种植花草树木，活动场地中心或周边可设置花坛或种植庭阴树，如图7-6所示。

❖ 图7-6　国防科技大学食堂环境景观设计

学生宿舍区绿化可根据楼间距大小，结合道路进行设计。楼间距较小时，在楼梯口之间只进行基础种植或硬质铺装。场地较大时，可结合行道树，形成封闭式观赏性绿地，或布置成庭院式休闲性绿地，铺装地面、花坛、花架、基础绿带和庭阴树池结合，形成良好的学习、休闲场地，如图7-7所示。

7.3.4　休息游览区绿化

休息游览区是在校园的重要地段上设置的集中绿化区或景区，供学生休息、散步、自学、交往，另外，还起着陶冶情操、美化环境、树立学校形象的作用。该区绿地呈团块状

❖ 图 7-7　某大学宿舍区绿地景观设计

分布。在校园的重要地段设置花园式或游园式绿地，供师生休闲、观赏、游览和读书。另外，学校的花圃、苗圃、气象观测站等科学实验园地，以及植物园、树木园也可以园林形式布置成休息游览绿地，如图 7-8 所示。

❖ 图 7-8　某学校休息游览区

休息游览区绿地规划设计构图的形式、内容及设施，要根据场地形式、地势、周围道路、建筑等环境综合考虑，因地制宜地进行，如图 7-9 所示。

❖ 图 7-9 某大学休息游览区

7.3.5　体育活动区绿化

体育活动场所是校园的重要组成部分，是培养学生德、智、体、美、劳全面发展的重要场所。其内容主要包括大型体育场馆和操场，如游泳池、游泳馆、各类球场及器械运动场等。该区要求与学生生活区有较方便的联系。除足球场草坪外，绿地沿道路两侧和场馆周边呈条带状分布。

体育活动区在场地四周栽植高大乔木，下层配置耐阴的花灌木，形成一定层次和密度的绿荫，能有效地遮挡夏季阳光的照射和冬季寒风的侵袭，减弱噪声对外界的干扰。为保证运动员及其他人员的安全，运动场四周可设围栏。在适当之处设置坐凳，供人们观看比赛。设坐凳处可植遮阴乔木。室外运动场的绿化不能影响体育活动和比赛以及观众的通行，应严格按照体育场地及设施的有关规范进行。

7.3.6　校园道路绿化

大学道路绿地与校园内的道路系统相结合，对各功能区起着联系与分隔的双重作用，且具有交通运输功能。道路绿地位于道路两侧，除行道树外，道路外侧绿地与相邻的功能区绿地融合。

校园道路两侧行道树应以落叶乔木为主，构成道路绿地的主体和骨架，浓荫覆盖，有利于师生们的工作、学习和生活。在行道树外还可以种植草坪或点缀花灌木，形成色彩、层次丰富的道路侧旁景观。校园道路绿化可参考交通绿地中的有关内容。

7.3.7 后勤服务区绿化

后勤服务区为全校提供水、电、热力，分布有各种气体动力站及仓库、维修车间等，占地面积大，管线设施多，既要有便捷的对外交通联系，又要离教学科研区较远，避免相互干扰。其绿地也是沿道路两侧及建筑场院周边呈条带状分布。

要注意水、电、热力及各种气体电力站、仓库、维修车间等管线和设施对绿化的特殊要求，在选择配置树种时，综合考虑防火、防爆等因素。

7.3.8 教工生活区绿地

教工生活区为教工生活、居住区域，主要是居住建筑和道路，一般单独布置，或者位于校园一隅，与其他功能区分开，以求安静、清幽。其绿地分布与绿化设计与普通居住区无差别。

1. 获取项目信息资料

获取与该项目相关的图纸资料和委托方对该项目的设计要求。进行现场勘查和测绘，对所收集的资料进行整理和分析，可绘制一些现状分析图。在分析的过程中可能会产生灵感火花，也可随手勾出概念草图，资料整理分析阶段和设计阶段没有绝对的界限。

2. 方案的构思与生成

在本项目中，通过一系列分析，产生了如下设计理念。

校园是一个充满青春与活力的地方，它是激情飞扬的舞台，是梦想开始的地方，在这里留下了青春火热的印记，在这里留下了青年学子成长的足迹。通过对"时光广场""热之广场""光之广场""树之广场""书山""学海"等的规划设计，力图营造这样的校园空间：它优美的景色让人遐想，积极的主题催人奋进，动态的空间蕴藏活力，静态的空间让人沉思，大的空间开阔深远，小的空间自然亲切，公共空间舒适便利，私密空间宁静安全，塑造出一个让人流连忘返、沉醉其中的美好校园，如图7-10所示。

❖ 图 7-10 定稿的方案平面

（1）时光广场的设计：学子们的年华如水——活泼流动的水既象征了年轻人灵动、朝气，催人奋进，又让人升起"逝者如斯"的感慨，警惕时光的匆匆而过。广场通过平面布置和倾斜花岗岩上的流水赋予其时间主题的深刻含义。

（2）热之广场的设计：有机玻璃下的蓝色水池中悬浮着无数的小球，模仿着受热驱动的布朗运动，散发着生命最原始的动感。

（3）光之广场的设计：奇妙的视觉体验由广场上整齐排列的三棱锥带来，三种不同的材质表面给人三种不同的感受，两条笔直的光束步道穿过三棱锥阵和浓密的树阵，正是"黑夜给了我黑色的眼睛，我却用它来寻找光明"。

（4）树之广场的设计：一片广阔开敞的草地中央，一池碧水之上，一株大树昂然挺立，体现学校的办学宗旨——十年树木，百年树人。

（5）书山的设计：以蓝天为顶，以山坡为基，以穿插的墙体为壁，形成一个半开半闭的"书院"空间，是供人读书思考交流冥想的空间。当沿着山坡拾级而上，穿过片片文化墙，达到坡顶的求知塔，有山有坡，有"书"有径，有台有塔，求知之路，真是"书山有路勤为径"。

（6）学海的设计：即校园水系的设计，以"学海无涯苦作舟"为设计主题，体现学子探索知识海洋的深层含义。水面上设计"学舟台"，突出学海中沉思的主题，在水面设计了一处由两面镜子平行设置的场所，人进入其中，镜子与水的反射，给人以无边无际的感觉，仿佛置身于大海之中，并通过桥、岛、舟等景观元素加强。

3. 方案的表达

1）分析图的绘制

虽然分析图是在设计方案生成之前方案推敲过程中产生的，我们在方案平面图完成的基础上再完成各种分析图的绘制，这样的图纸看起来更清晰、更明确、更有利于同业主交流，如图 7-11～图 7-14 所示。

❖ 图 7-11　功能分析图

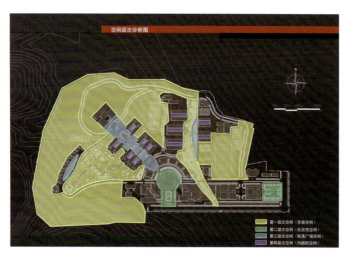

❖ 图 7-12　景观层次分析图

2）景观节点平面图、立面图与效果图的绘制

用手绘制出局部景观节点的平面线稿、立面、剖面和透视图线稿，然后用彩铅或结合马克笔进行色彩的表现，如图 7-15～图 7-27 所示。

❖ 图 7-13　景观结构分析图

❖ 图 7-14　道路交通分析图

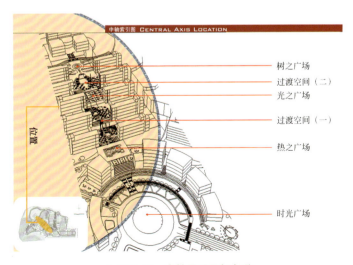

❖ 图 7-15　中轴景观局部鸟瞰

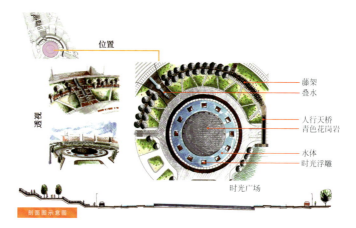

❖ 图 7-16　时光广场节点平面、剖面、局部透视图

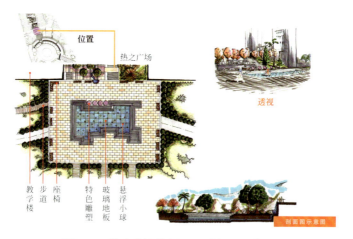

❖ 图 7-17　热之广场节点平面、剖面、局部透视图

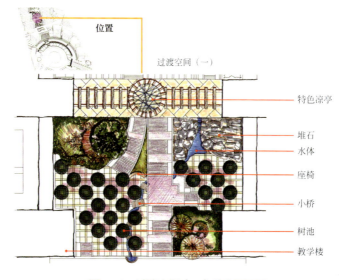

❖ 图 7-18　过渡空间（一）节点平面图

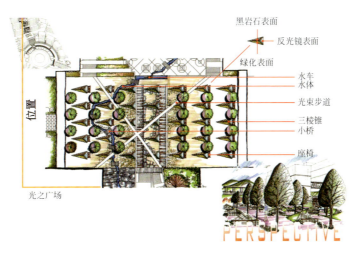

❖ 图 7-19 光之广场节点平面图、局部透视图

❖ 图 7-20 过渡空间（二）节点局部透视图

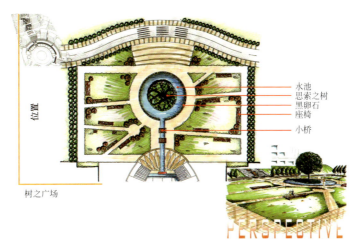

❖ 图 7-21 树之广场节点平面图、局部透视图

180 园林景观设计

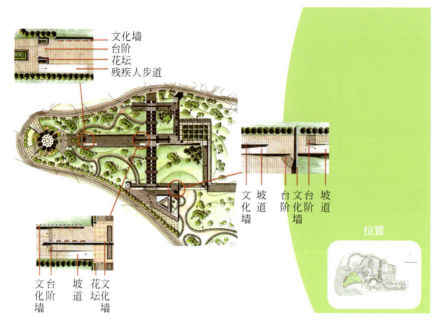

❖ 图 7-22 书山节点平面图

B—B剖面图

立面图

A—A剖面图

❖ 图 7-23 书山节点立面图、剖面图

项目7 大学校园绿地景观设计 | 181

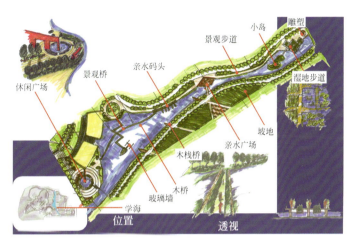

❖ 图 7-24 学海平面图

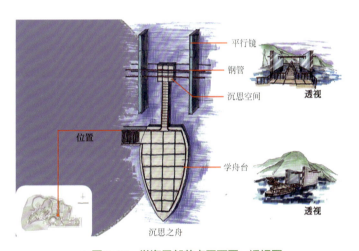

❖ 图 7-25 学海局部节点平面图、透视图

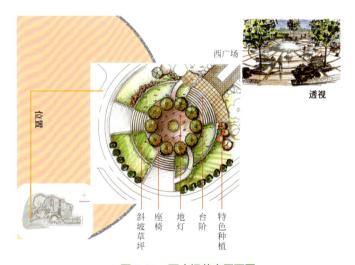

❖ 图 7-26 西广场节点平面图

❖ 图7-27 东入口广场节点平面图

3）整体鸟瞰图的绘制

用手绘制出鸟瞰图线稿，然后用彩铅进行色彩的表现，如图7-28所示。

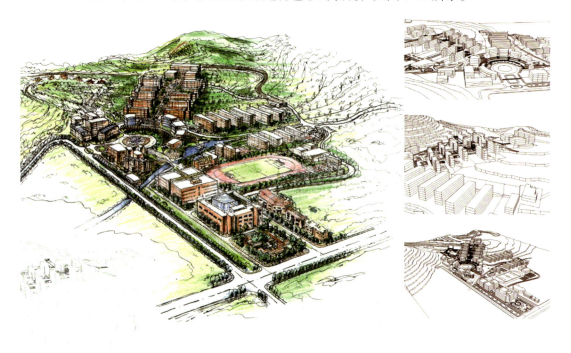

❖ 图7-28 威海职业学院整体鸟瞰图

如图7-29所示为东北地区某高职学院基地现状图，该项目地块总用地面积82110m²，其中可绿化面积约12770m²。根据自己对该项目的理解，利用园林设计基本方法和基本设

计流程进行大学校园绿地设计（图纸中绿地部分），完成该校园绿地设计平面图、效果图及设计说明。

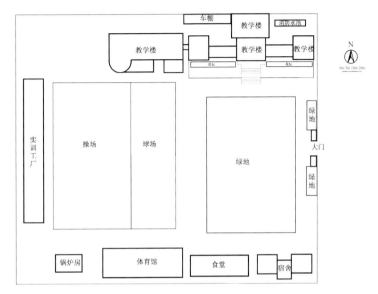

❖ 图 7-29 某高职学院基地现状图

项目 7 知识拓展

项目 8 城市公园景观设计

【知识目标】

(1) 了解综合性公园设计基础知识。
(2) 了解公园规划设计的基本原则。
(3) 掌握综合性公园的主要活动内容与设施。
(4) 掌握综合性公园的总体规划要点。

【技能目标】

(1) 能够应用设计的基本步骤对项目进行具体分析。
(2) 能够应用设计的方法对项目进行具体设计和构图。
(3) 能够运用绘图的表现技法进行绘图表达。

任务提出

如图 8-1 所示为迁安市区黄台山公园的基地现状图,图中粉红色实线围合的区域为规划设计区域。根据园林设计的原理、方法以及功能要求,结合该公园的具体基地信息,对该公园绿地进行设计。

任务分析

在了解公园绿地的分类,掌握公园绿地的规划设计方法及其各类公园的设计原则和相关技巧,以及了解委托方对项目的要求后,分析各种因素对基地的影响。在对项目进行研究及分析的基础上,根据委托方的设计要求确定整个园区的设计风格及形式;合理确定主、次要出入口的位置;合理的规划功能分区及道路交通系统;以生态性为原则完成植物配置设计;完成建筑物及构筑物、园林小品设计,做到整体风格统一,最终完成对该公园的设计。

任务要求

(1) 了解委托方的要求,掌握该公园概况等基地信息。

❖ 图 8-1　迁安市区黄台山公园的基地现状图

（2）灵活运用园林设计的基本方法，构图新颖，布局合理。

（3）表达清晰，立意明确，图纸绘制规范。

（4）完成该公园的现状分析图、设计平面图、局部效果图、整体鸟瞰图等相关图纸。

公园是城市园林绿地的重要组成部分,其主要功能包括两个方面:一是为人们的日常游览、观赏、休息、娱乐和文体等活动提供优美的境域和舒适的场所;二是美化城市面貌,净化空气和平衡城市生态环境,是城市生态的重要组成部分。目前我国公园发展迅速,应从设计工作着手,使建设公园的土地和经费能充分发挥其应有的效益。

8.1 综合性公园设计基础知识

8.1.1 概念

综合性公园是城市园林绿地系统、公园系统中的重要组成部分,它不仅为城市提供了大面积的绿地,且具有丰富的户外游憩内容,适合各种年龄和职业的居民进行一日或半日以上的游赏活动。它是群众性的文化教育、娱乐、休息场所,并对城市面貌、环境保护、社会生活起到重要的作用。

8.1.2 综合性公园的类型

根据现代公园系统相关理论和世界上多数城市中城市公园的情况,每处综合性公园的面积从几万平方米到几百万平方米不等;中小城市多设1~2处,大城市则分设全市性和区域性综合公园多处。在我国,根据综合性公园在城市中的服务范围分以下两种。

1. 市级公园

为全市居民服务,是全市公共绿地中,集中面积最大、活动内容和游憩设施最完善的绿地。公园面积一般在10hm^{2}以上,随市区居民总人数的多少而有所不同。其服务半径为2~3km,如图8-2所示。

2. 区级公园

面积较大、人口较多的城市,在市以下通常划分有若干个行政区,区级公园通常是指位于某行政区内,为这个行政区居民服务的公园。公园面积按该区居民的人数而定,园内一般也有比较丰富的内容和设施。其服务半径为1~1.5km,步行15~25min可到达,乘坐公共汽车约 15min 可到达，如图 8-3 所示。

图 8-2　山东省淄博市人民公园

图 8-3　深圳市盐田区东和公园

8.1.3　综合性公园的功能

综合性公园除具有绿地的一般作用外，在丰富城市居民的文化娱乐生活方面的功能更为突出。

（1）政治文化方面：宣传党的方针政策，介绍时事新闻，举办节日游园活动和中外友好活动，为组织集体活动尤其是少年、青年及老年人提供合适的场所。

（2）游乐休息方面：全面照顾到各年龄段、职业、爱好、习惯等的不同要求，设置游览、娱乐、休息设施，满足人们在游乐、休闲等方面的需求。

（3）科普教育方面：宣传科学技术新成果，普及生态知识及生物知识，通过公园中各组成要素潜移默化地影响游人，寓教于游，提高人们的科学文化素质。

8.2 公园规划设计的基本原则

从城市的发展和城市居民的使用要求出发，综合性公园规划设计的基本原则可大致概括如下。

（1）贯彻国家在园林绿地建设方面的方针政策，遵守相关规范标准，如行业标准《公园设计规范》及相关文件等。

（2）继承和更新我国造园艺术系统，广泛吸收国外先进经验，创造我国特有的园林风格和特色。

（3）充分考虑大众对公园的使用要求，丰富公园的活动内容及空间类型。

（4）因地制宜，使公园与当地历史文化及自然特征相结合，体现地方特点和风格。

（5）充分利用公园现状及自然地形，有机组织公园各个构成部分，使不同功能区域各得其所。

（6）规划设计要切合实际，制订切实可行的分期建设计划及经营管理措施。

8.3 综合性公园的主要活动内容与设施

（1）观赏游览：游人在城市公园中，观赏山水风景、奇花异草，浏览名胜古迹，欣赏建筑雕刻、鱼虫鸟兽以及盆景假山等内容。

（2）文化娱乐：露天剧场、展览厅、茶室、音乐厅、画廊、演说台、讲座厅等。

（3）儿童活动：一般考虑开辟学龄前儿童和学龄儿童的游戏娱乐，少年宫、迷宫、障碍游戏、少年体育运动场、科普园地等。

（4）老年人活动：为老年人提供具有安全感、舒适方便的活动空间。

（5）安静休息：垂钓、品茗、博弈、书法、绘画、划船、散步等活动宜在环境优美清幽处开展。

（6）体育活动：游泳、旱冰、溜冰活动场所及各种球类活动场地，武术、太极拳场地等。

（7）公园管理：办公室、苗圃、温室、仓库、车库、变电站、水泵及食堂、宿舍、浴室等。

（8）服务设施：配合以上活动内容，综合性公园应配备以下服务设施：餐厅、便利店、公用电话、摄影、卫生间、园灯、园椅、卫生箱等。

以上公园内设置内容之间互有交叉、穿插。结合公园的出入口确定、地形设计、建筑、道路布局、植物种植等内容，合理进行分区。

8.4 综合性公园的总体规划

8.4.1 总体规划的意义

综合性公园的内容多，牵涉面广，问题复杂。总体规划的意义在于通过全面考虑，总体协调，使公园的各个组成部分之间得到合理的安排，综合平衡；使各部分之间构成有机的联系，妥善处理好公园与全市绿地系统之间、局部与整体的关系；满足环境保护、文化娱乐、休息游览、园林艺术等各方面的功能要求，合理安排近期与远期的关系，以便保证公园的建设工作按计划顺利进行。

8.4.2 总体规划的任务

总体规划的任务包括出入口位置的确定；分区规划；地形的利用等改造；建筑、广场及园路布局；植物种植规划；制定建园程序及造价估算等。

8.4.3 公园出入口的确定

公园出入口的位置选择，是公园规划设计中的一项重要工作。能方便游人的出入，对城市交通、市容及园内功能分区均会有直接影响。

公园可有一个主要出入口，一个或几个次要出入口及专门入口。主要出入口位置的确定应设在城市主要道路和公共交通方便的地方，但不要受外界过境交通的干扰。另外，还应考虑公园内的用地情况。

公园出入口的设计，首先考虑它在城市景观中所起的装饰市容的作用。也就是说，配合公园的规划设计要求，在出入口前后应留有足够的人流集散广场，入口附近设停车场及自行车存放处。设置出入口时也要考虑与院内道路联系方便，符合游览路线。次要出入口是辅助性的，为附近局部地区居民服务的。专用出入口是为公园管理工作的需要而设置的，由园管区及花圃、苗圃等直接通向街道，不供游人使用。

公园出入口的设计，要充分考虑到对城市街景的美化作用以及对公园景观的影响。出入口作为游人进入公园的第一个视线焦点，给游人第一印象，要求美丽的外观，成为城市园林绿化的橱窗。其平面布局、立面造型、整体风格应根据公园的性质和内容来具体确定。

公园出入口设计内容：公园内、外集散广场，公园大门、停车场、售票处、围墙、小卖部、休息廊等。根据出入口的景观要求及其用地面积大小、服务功能要求，可以设丰富的出入口景观的园林小品，如花坛、水池、喷泉、雕塑、花架、宣传牌、导游图和服务部等。

公园出入口宽度的设定可参考《公园设计规范》中的要求。

8.4.4 综合性公园的功能分区规划

1. 规划的依据

综合性公园的功能分区规划主要依据公园所在地的自然条件、物质条件及公园规划中所要开展的活动项目的服务对象，即游人的不同年龄特征、不同兴趣爱好、习惯等游园活动规律进行规划，如图8-4所示。

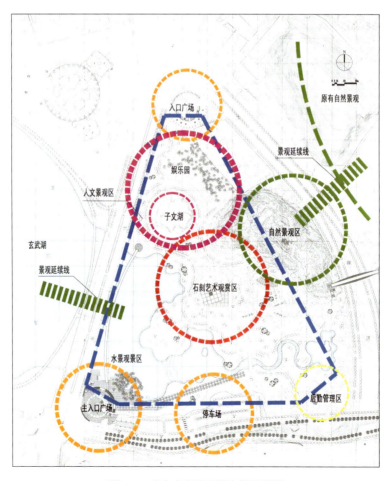

图8-4　南京市白马公园功能分区图

2. 公园功能分区规划

（1）文化娱乐区：文化娱乐区是公园的闹区。主要设施有俱乐部、电影院、音乐厅、展览室等，都相对集中在该区。该区常位于公园的中部。为避免该区内部项目之间的相互干扰，各建筑、活动设施之间要保持一定的距离，通过树木、建筑、土山等加以隔离。大容量的群众娱乐项目，如露天剧场、电影院等，由于集散时间集中，所以要妥善组织交通，尽可能在规划条件允许的情况下接近公园的出入口，或单独设专用出入口，以便快速集散游人。文化娱乐区的规划，应尽可能巧妙地利用地形特点，创造出景观优美、安静舒适、投资少、效果好的景点和活动区域。游人在这个区域的用地以 $30m^2$/人为宜。

（2）观赏游览区：观赏游览区以观赏游览为主，在区内主要进行相对安静的活动，要求游人在区内分布的密度较小，以人均游览面积 $100m^2$ 左右较为合适，所以本区在公园中占地面积较大，是公园的重要组成部分。观赏游览区往往选择现有地形、植被等比较优越的地段设计布置园林景观。观赏游览区的参观路线的组织规划十分重要，道路的平、纵曲线、铺装材料、铺装纹样、宽度变化都应根据景观展示、动态观赏的要求进行规划设计。

（3）安静休息区：安静休息区是公园中专供游人安静休息、学习、交往或其他一些较为安静活动的场所，其中安静的活动主要有太极拳、太极剑、棋弈、漫步等。故该区一般选择有大片的风景林地，有较复杂的地形变化，为景色最优美的地段，如山地、谷地、溪边、湖边。安静休息区的面积可视公园的面积规模大小进行规划布置，一般面积大一些为好，但并不一定集中于一处，只要条件适合，可选择多处，创造类型不同的空间环境，满足不同类型的要求。该区景观要求也比较高，宜采用园林造景要素巧妙组织景观，形成景色优美、环境舒适、生态效益良好的区域。区内建筑布置宜散落不宜聚集，宜素雅不宜华丽；结合自然风景，设立亭、榭、花架、曲廊、茶室、阅览室等园林建筑。花架休息区一般应与闹区有一个自然隔离，以免受干扰，可布置在远离出入口处。游人的密度要小，用地以 $100m^2$/人为宜。

（4）儿童活动区：儿童活动区主要供学龄前儿童和学龄儿童开展各种儿童活动。据调查，在我国城市公园游人中，儿童占的比例较大，为 15%~30%。为了满足儿童的特殊需要，在公园中单独划出供儿童活动的一个区是很必要的。大公园的儿童活动区与儿童公园的作用相似，但比单独的儿童公园的活动及设施要简单。儿童活动区内可根据不同年龄的儿童进行分区，一般可分为学龄前儿童区和学龄儿童区，也可分成体育活动区、游戏活动区、文化娱乐区、科学普及教育区等。主要活动内容和设施有游戏场、戏水池、运动场、障碍游戏、少年宫、少年阅览室等。用地最好达到人均 $50m^2$，并按用地面积的大小确定设置内容的多少。

儿童活动区的规划设计应注意以下几个方面。

① 该区位置一般靠近公园主入口，便于儿童进园后能尽快地到达区内开展自己喜爱的活动。避免儿童入园后穿越其他功能区，影响其他区域人的活动。

② 儿童区的建筑、设置要考虑到儿童的尺度，并且造型新颖、色彩鲜艳；建筑小品的形式要适合儿童的兴趣，富有教育意义，最好有童话、寓言的内容或色彩；区内道路的布置要简洁明确，容易辨认，最好不要设计台阶或过大的坡度，以方便通行童车。

③ 植物种植应选择无毒、无刺、无异味的树木、花草；儿童区不宜用铁丝网或其他具有伤害性的物品，以保证活动区儿童的安全。儿童区活动地周围应考虑遮阴林木、草坪、密林，并能提供缓坡林地、小溪流、宽阔的草坪，以便开展集体活动及更多遮阴。

④ 儿童活动区还应考虑成人休息、等候的场所，因儿童一般都需要家长陪同照顾，所以在儿童活动、游戏场地的附近要留有可供家长停留休息的设施，如坐凳、花架、小卖部等。

（5）老人活动区：随着城市人口老龄化速度的加快，老年人在城市中所占人口比例日益增大，公园中老年人的活动在公园绿地中是使用率是最高的，所以公园中老年人活动区的设置是不可忽视的问题。

老人活动区在公园规划中考虑设在观赏游览区或安静休息区附近，要求环境优雅、风景宜人。具体内容可以从以下几个方面进行考虑。

（1）动静分区。在老年人活动区内宜再分为动态活动区和静态活动区；动态活动区以健身活动为主，可进行球类、武术、舞蹈、慢跑等活动；静态活动区主要供老人们晒太阳、下棋、聊天、观望、学习、打牌、谈心等。

（2）闹静分区。闹主要指老人们所展开的扭秧歌、戏曲、弹奏、遛鸟、斗虫等声音较大的活动；此处的"静"与动静分区中所指的"静"相同，并包括"动"中的武术、静坐、慢跑等较为安静的活动。

（3）设置必需的服务建筑和必备的活动设施。在公园绿地的老人活动区内应注意设置必要的服务性建筑，并考虑到老年人的使用方便。一些简单的体育设施，如单杠、压腿杠、教练台等应选择有林荫的草地布置安排。

（4）一些有寓意的景观可激发老年人的生命活力。有特点的建筑、建筑上的匾额、对联、景石、碑刻、雕塑、建筑小品、植物等只要设计构思恰当都可以获得较好的效果。通过景物引发联想，唤起老年人的生命活力或激发起他们的美好遐想，这些都可以起到很好的心情调剂作用。

（5）安全防护要求。由于老年人的生理机能下降，其对安全的要求要高于年轻人，所以在老人活动区设计时应充分考虑到相关问题，如厕所内地面要注意防滑，并设置扶手及放置拐杖处，道路广场注意平整、防滑，供老年人使用的道路不宜太窄、道路上不宜用汀步，钓鱼区近岸处水位应浅一些。

（6）体育活动区：随着我国城市发展及居民对体育活动参与性的增强，在城市的综合性公园宜设置体育活动区。该区属于相对较闹的功能区域，应与其他区相应分隔，以地形、树丛、丛林进行分隔较好；区内可设场地相应较小的篮球场、羽毛球场、网球场、武术练习场、大众体育区、体育场地、乒乓球台等。如果资金允许，可设室内体育场馆，但一定要注意建筑造型的艺术性；各场地不必同专业体育场一样设专门的看台，可设缓坡草地、台阶等作为观众看台，更增加人们与大自然的亲和性。

（7）园务管理区：园务管理区是因公园经营管理的需要而设置的内务专用区。此区内可包括管理办公室、仓库、花圃、苗圃、生活服务部分等，与城市街道有方便的联系，设有专用出入口，不应与游人混杂。此区四周要与游人有隔离。园务管理区内要有车道相通，以便运输和消防。本区要隐蔽，不要暴露在风景游览的主要视线上。

（8）服务设施：公园中的服务设施内容，因公园用地面积的大小及游人量而定。在较大的公园里，可设 1~2 个服务中心，或按服务半径设服务点，结合公园活动项目的分布，在游人集中或停留时间较长、地点适中的地方设置。服务中心点的设施有：饮食、休息、电话、询问、摄影、寄存、租借和购买物品等项。服务点是为园内局部地区的游人服务的，设施可有饮食小卖部、休息、电话等项。并且需要根据各活动项目的需要设置服务的设施，如钓鱼区设租借渔具、购买鱼饵的服务设施，滑冰场设租借冰鞋等项目。

8.4.5 综合性公园的地形设计

1. 地形在公园中的功能与作用

（1）地形是构成公园的骨架，是任何造园中不可缺少的要素。在公园造景中，对地形的处理和设计主要是根据公园设计规划的内容进行确定。同时，也要考虑旅游者的活动习惯，平坦开阔的地形有利于建筑及各类游园设施的布局，变化的地形有利于创造丰富的景观空间。地形作为外部环境的地表因素，它的变化程度决定了道路系统的布局，在公园中地形往往构成景观，并作为公园中的景观基础部分，是整个公园的核心、重点，也呈现出主要的使用功能和主题，是全园控制视线的焦点，如苏州乐园中的狮子山就是控制全园的视线焦点。

（2）地形还起到了组织和分割园林空间的作用。公园中的地形在满足使用功能的基础上，利用不同类型创造和限制空间，如堆山置石、开挖池沼等，并根据人的视觉特征创造良好的观赏游玩效果，使公园的景观富于变化，增加游览情趣。在分割空间的同时也在一定程度上控制了游览者的视线，使游览者的视线停留在某一特殊的主题焦点上，也可引起游览者对隐蔽物体的好奇心和观赏欲望。

（3）影响游览路线、速度和提供观赏点。地形的变化与游人在景观中向何处去，以及如何运动有直接的关系。如碰到山体时，游人可能绕道而行；遇到水体时，可能选择乘船的游览方式等。变化的地形给游人带来了不同的游赏乐趣。

此外，地形可改善公园的局部小气候、有利于排水，同时还能点缀风景。地形对局部的采光、通风等都有不同程度的影响。如果设计时能结合其他构成要素（如植物配置、建筑布局等）综合考虑，则不失为良策。有些地形还有一定的实用价值，如用山石做驳岸、护坡、花台、台阶、挡土墙等，既坚固又朴素美观。

2. 公园中地形的处理手法

在公园出入口已确定、公园分区已规划的基础上，必须进行整个公园的地形设计。地形作为公园中的一大景观要素，其设计直接影响到公园的游览感观，因此要充分利用地形来体现主题景观特色，并通过地形使游客有很好的游园感受。在对地形进行塑造时就要全面考虑如何利用地形来改善立面形象，如何合理利用光线，如何给游客创造符合主题的心理氛围，如何合理安排视线以及如何改善游人的感觉。

（1）地形改造。在地形设计中首先必须考虑的是对原有地形的利用。合理安排各种坡度要求的内容，使之与基地地形条件相吻合。利用现状地形稍加改造即成园景。如利用环保的土山或人工土丘挡风，创造向阳盆地和局部的小气候，阻挡当地常年有害风雪的侵袭。利用起伏地形，适当加大高差至超过人的视线高度，设置"障景"。以土代墙，利用地形"围而不障"，以起伏连绵的土山代替景墙，形成"隔景"。

（2）地形、排水和坡面稳定。在地形设计中应考虑地形与排水的关系，地形和排水对坡面稳定性的影响。地形过于平坦不利于排水，容易积涝，破坏土壤的稳定，对植物的生长、建筑和道路的基础都不利。因此应创造一定的地形起伏，合理安排分水和汇水线，保证地形具有较好的自然排水条件，既可以及时排除雨水，又可以避免修筑过多的人工排水沟渠。但是地形起伏过大或坡度不大而同一坡度的坡面延伸过长时，则会引起地表径流、产生坡面滑坡。因此，地形起伏应适度，坡长应适中。

（3）坡度。在地形设计中，地形坡度不仅关系到地表面的排水、坡面的稳定，还关系到人的活动、行走和车辆的行驶。一般而言，坡度小于1%的地形易积水，地表面不稳定，不太适合安排活动和使用的内容，但稍加改造即可利用；坡度介于1%~5%的地形排水较理想，适和安排绝大多数的内容，特别是需要大面积平坦地的内容，如停车场、运动场等，不需要改造地形，但是，当同一坡面过长时显得较单调，易形成地表径流；坡度介于5%~10%的地形仅适合安排用地范围不大的内容，但这类地形的排水条件很好，而且具有起伏感；坡度大于10%的地形只能局部小范围地加以利用。

（4）地形造景。地形是构成园林景观的基本骨架。建筑、植物、落水等景观常常都以地形为依托。如意大利的台地园中的兰特庄园的水台阶就是利用自然起伏的地形建造的。

当地形比周围环境的地形高时，则视线开阔，具有延伸性空间呈散发状。此类地形一方面可组织成为观景之地，另一方面因地形高处的景物往往突出、明显，又可组织成为造景之地。当地形比周围环境的地形低，则视线通常较封闭，且封闭程度取决于周围环境要素的高度，如树木的高度、建筑的高度等。空间呈积聚性，此类地形的低凹处能聚集视线，可精心布置景物，也可以利用地形本身造景。

8.4.6 综合性公园中园路的分布与设计

园林道路是园林的组成部分，起组织空间、引导游览、交通联系并提供散步休息场所的作用。它像脉络一样，把园林的各个景区连成整体。园林道路本身是园林风景的组成部分，蜿蜒起伏的曲线，丰富的寓意，精美的图案，都给人以美的享受。园路布局要从园林的使用功能出发，根据地形、地貌、风景点的分布和园务管理活动的需要综合考虑，统一规划。园路需因地制宜，主次分明，有明确的方向性。

1. 园路分类

园路一般分为以下几种。

（1）主干道：联系园内各个景区，主要风景点和活动设施的路。通过它对园内外的景色进行剪辑，以引导游人欣赏景色，路宽4~6m。

（2）次干道：设在各个景区内的路，它联系各个景点，对主干道起辅助作用。考虑游人的不同需要，在园路布局中，还应为游人开辟从一个景区到另一个景区的捷径。

（3）小路：又叫游步道，是深入山间、水际、林中、花丛，供人们漫步游赏的路，宽1.2~2m。

（4）专用道：多为园务管理使用，在园内与游览路分开，应减少交叉，以免干扰游览。

2. 布局形式

西方园林多采用规则式布局，园路笔直宽大，轴线对称，呈几何形。中国园林多以山水为中心，园林也多为自然式布局，园路讲究含蓄。但在庭院、寺庙园林或在纪念性园林中，多采用规则式布局。园路的布置应考虑以下因素。

（1）回环性：园林中的路多为四通八达的环形路，游人从任何一点出发都能游遍全园，不走回头路。

（2）疏密适度：园路的疏密度同园林的规模、性质有关，在公园内道路占总面积的10%~12%，在动物园、植物园或小游园内，道路网的密度可以稍大，但不宜超过25%。

（3）因景筑路：将园路与景的布置结合起来，从而达到因景筑路、因路得景的效果。

（4）曲折性：园路随地形和景物而曲折起伏，若隐若现，"路因景曲，景因曲深"，造成"山重水复疑无路，柳暗花明又一村"的情趣，以丰富景观，延长游览路线。

（5）多样性：园林中路的形式应是多种多样的，而且应该具有较强的装饰性。在人流聚集的地方或在庭院中，路可以转化为场地；在林间或草坪中，路可以转化为步石或休息岛；遇到建筑，路可以转化为廊；遇山地，路可以转化为盘山道、蹬道、石级；遇水，路可以转化为桥。

3. 弯道的处理

园路遇到建筑、山、水、树、陡坡等障碍，必然产生弯道。弯道有组织景观的作用，如果弯曲弧度大，外侧高，内侧低，则外侧应设栏杆，以免发生事故。经常通行机动车的园路宽应大于 4m，转弯半径不得小于 12m。

4. 交叉口处理

两条园路交叉或从一主干道分出两条小路时必然产生交叉口。两条主干道相交时，交叉口应作外扩以方便行车、行人。次路应斜交，但不应交叉过多，两个交叉口不宜太近，而要主次分明，相交角度不宜太小。丁字形交叉，是视线的交点，可点缀风景。上山路与主干道交叉要自然，藏而不显，又要吸引游人入山。纪念性公园园路可正交叉。

5. 园路与建筑的关系

园路通往大建筑时，为了避免路上行人干扰建筑内部活动，可在建筑面前设集散广场，使园路由广场过渡再和建筑联系；园路通往一般建筑时，可在建筑面前适当加宽，或形成分支，以利游人分流。园路一般情况下不穿过建筑，从四周通过。

6. 园路与园桥

园桥是园路跨过水面的建筑形式。园桥应根据公园总体设计确定通行、通航所需尺度并提出造景、观景等具体要求。其风格、体量、色彩必须与公园总体设计、环境协调一致。

园桥的作用是联络交通，创造景观，组织导游，分隔水面，保证游人通行和水上游船通航的安全，有利于造景、观景，但要注明承载和游人流量的最高限额。桥应设在水面较窄处，桥身应与岸垂直，创造游人视线交叉，以利观景。主干道上的桥以平桥为宜，拱度要小，桥头应设广场，以利游人集散。次路上的桥多用曲桥或拱桥，以创造桥景。小路上汀步石步距以 60~70cm 为宜。小水面上的桥，可偏居于一隅，贴近水面；大水面上的桥，要讲究造型、风格，丰富层次，避免水面单调，桥下要方便通航。

8.4.7 公园的建筑设计

1. 设计原则

"巧于因借，精在体宜"是对建筑设计的精之言。建筑设计要结合基质的地形，地貌及周边环境，在其基质上做风景视线分析，"俗则屏之，嘉则收之"。

2. 建筑风格

建筑风格的确定既要有浓郁的地方特色，又要与公园的性质、规模、功能相适宜。古典园林的修复、改建要以古为主，尽可能地表现出原有的风貌；新建公园要尽可能选用新材料，采用新工艺，创造新形势。

3. 常用的建筑类型

我国古典式园林主要采用亭、廊、楼、阁、榭、舫、厅等建筑体，而现代园林多用花架、柱、景墙、景灯、园椅等建筑小品及形式不拘一格的各种景观建筑，设计中，各类建筑及小品的风格要紧扣主题，大体保持一致，如图8-5~图8-8所示。

图 8-5 花架

图 8-6 具有喷水功能的景观建筑

图 8-7 长廊

图 8-8 湖心亭

4. 设计要点

公园中建筑形式要与其性质、功能相协调,全园建筑的风格应保持统一。公园的建筑功能是开展文化活动,创造景观,防风避雨,甚至体现主题。景观建筑设计应讲究尽善尽美,在使用功能、造型、材质及色彩的运用和处理上,更加符合人体工程学和具备较好的视觉效果,因此设计者必须了解建筑的实质特征(大小、体量、材料)、美学特征(造型、色感、质感等)及机能特征,使其在应用中确实发挥其功效,丰富环境语义。管理和服务性建筑在体量上应尽量小,位置要隐蔽,利于创造景观。此外,还应考虑残疾人、老年人、儿童的特殊设备、设施的设计,充分体现以人为本的设计思想。公园建筑的设置应符合表 8-1 的规定。

表 8-1 公园建筑设施

设施类型	设施项目	陆地规模 /hm²					
		<2	2~5	5~10	10~20	20~50	≥50
游憩设施	亭或廊	○	○	●	●	●	●
	厅、榭、码头棚架	—	○	○	○	○	○
	园椅、园凳	○	○	○	○	○	○
	成人活动场	●	●	●	●	●	●
	儿童活动场	○	●	●	●	●	●
服务设施	小卖店	○	○	●	●	●	●
	茶座、咖啡厅	—	○	○	○	●	●
	餐厅	—	—	○	○	●	●
	摄影部	—	—	○	○	○	○
	售票房	○	○	○	○	○	○
公用设施	厕所	○	●	●	●	●	●
	园灯	○	○	●	●	●	●
	公用电话	—	○	○	●	●	●
	果皮箱	●	●	●	●	●	●
	饮水站	○	○	○	○	○	○
	路标、导游牌	○	○	●	●	●	●
	停车场	—	○	○	○	○	○
	自行车存车处	○	○	●	●	●	●
管理设施	管理办公室	○	●	●	●	●	●
	治安机构	—	—	○	●	●	●
	垃圾站	—	—	—	●	●	●
	变电室、泵房	—	—	○	●	●	●
	生产温室荫栅	—	—	—	○	○	●
	电话交换站	—	—	—	—	○	●
	广播室	—	—	—	●	●	●
	仓库	—	○	●	●	●	●
	修理车间	—	—	—	○	○	●
	管理班（组）	—	○	○	●	●	●
	职工食堂	—	—	○	○	○	●
	淋浴室	—	—	—	○	○	●
	车库	—	—	—	○	○	●

注："●"表示应设；"○"表示可设，"—"表示不需要设置。

8.4.8 给排水设计

1. 给水

根据灌溉、湖池水体大小、游人饮用水量、卫生和消防的实际供需确定。给水水源、管网布置、水量、水压应作配套工程设计，给水以节约用水为原则，设计人工水池、喷泉、瀑布。喷泉应采用循环水，并防止水池渗漏，取用地下水或其他废水，以不妨碍植物生长和污染环境为准。给水灌溉设计应与种植设计配合，分段控制，浇水龙头和喷嘴在不使用时应与地面平。饮水站的饮用水和天然游泳池的水质必须保证清洁，符合国家规定的卫生标准。我国北方冬季室外灌溉设备、水池，必须考虑防冻措施。木结构的古建筑和古树的附近，应设置专用消防栓。

2. 排水

污水应接入城市活水系统，不得在地表排泄或排入湖中，雨水排放应有明确的引导去向，地表排水应有防止径流冲刷的措施。

8.4.9 公园植物的种植设计

1. 综合性公园的植物配置原则

（1）全面规划，重点突出，远期和近期相结合。
（2）突出公园的植物特色，注重植物品种搭配。
（3）公园植物规划注意植物基调及各景区的主配调的规划。
（4）植物规划充分满足使用功能要求。
（5）四季景观和专类园的设计是植物造景的突出点。
（6）注意植物的生态条件，创造适宜的植物生长环境。

2. 全园的树种规划

应有1~2种为基调树种，在不同景区有不同的主调树种，形成不同景观特色，但相互之间又要统一协调。基调树种能使全园绿化种植统一起来，达到多样统一的效果。在大型公园中，还可以设多种专类园，例如，牡丹园、丁香园、月季园、百合园等，使不同时期都有花可观，还可起到很好的科普教育作用。树木的种植类型有孤植树、树丛、树群、疏林草地、空旷草地、密林；林种有混交林、单纯林，应以混交林为主，以防病虫害的蔓延，一般应在 70% 以上。此外还应有防护林带、行道树、绿篱、花坛、花境、花丛等。花木类只能重点使用，起到画龙点睛的作用。公园的绿化以快长树、大苗为主。速生树与慢生树相结合，密植与间伐相结合，乡土树种与珍贵树种相结合，近期与远期兼顾，造成各类型公园的特有景观。

1. 获取项目信息资料

获取与该项目相关的图纸和资料，如图 8-9 所示。获取委托方对该项目的设计要求。进行现场勘查和测绘，对所收集的资料进行整理和分析，可绘制一些现状分析图。在分析的过程中可能会产生灵感火花，也可随手勾出概念草图，如图 8-10 所示，资料整理分析阶段和设计阶段没有绝对的界限，如图 8-11 所示。

图 8-9　基地现状照片

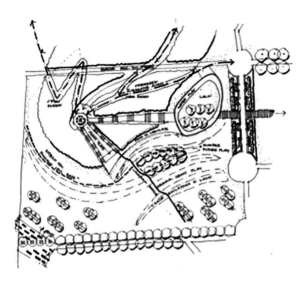

图 8-10　儿童活动区概念草图　　　　图 8-11　概念设计总平面图

2. 方案的构思与生成

在分析比较的过程中，会产生一定的灵感火花，在本项目中，通过一系列分析，产生了如下设计思想。

1）中央形象区

中央形象区在现状基础上，利用绿化和植物围合出完整的轴线对称空间，成为整个公园的主要轴线。该轴线向南延伸，经过雕塑公园、中心喷泉与波纹草地，抵达南部的考古公园，连接了几个最主要的人流活动区域，是公园主要的景观轴线之一。

2）林下休闲区

林下休闲区在中央区对称轴线的两侧，结合现状原生林和设计的微地形，成为外围的一个屏障和过渡空间。朝向中央入口的边界以绿化植物紧密围合，形成面向入口的几何形式花园的绿色屏障，而向外侧则以半开敞空间形成过渡，提供多种形式的林下休闲空间，与东西两侧的娱乐活动空间和滨水活动空间形成良好的空间关系。

3）雕塑主题区

雕塑主题区位于中央轴线的两侧，对称的构图与原有轴线和入口区衔接得十分融洽，突出了整个公园的轴线控制。以几何形式的高树篱形成园区内富有韵律的绿色雕塑，分隔出许多尺度适宜的休闲活动空间，既有适当的空间分隔，又保留空间和视线的贯通与流畅，其间点缀布置景观雕塑和高大乔木，成为人们在此休憩观赏的良好场所。

4）"波纹草坪"

"波纹草坪"连接了西侧的湖面、中央的水景喷泉以及东侧的儿童"旋涡池"。它表达了西侧的湖水向东侧的延伸，同时成为孩子们有趣的游乐区、聚集地或野餐区。这是"阴阳互动"的一个体现。"波纹草坪"是在两个方向上都是中间层次的过渡景观，南北方向上，它是从北部的人工景观向南部的自然景观的过渡；东西方向上，它是西部的水面向东部的山地景观的过渡，因此这一形式富有多重含义，并恰到好处地将整个公园联系在一起，围绕着中心喷泉和新建成的张拉膜构筑物，成为整个公园的中心。

同时，"波纹草坪"为中心区提供了既宽敞又富于韵律的大地景观，成为人们活动的良好场所。

5）考古公园区

"考古公园"充分反映了当地丰富的历史文化，体现了古老迁安的古韵。公园利用地形的现状及高差来连接两侧的山体。设计通过一系列的高挡土墙花园及花园中的原生植物和其他元素来追述当地的历史和地貌植物。不同于一般的植物园，"考古公园"以地理学和年代学的方式展示了植物品种。这些植物包括：松类园、高山植物园、冻土地带园及其他品种。通过混凝土墙上的化石图案及当地的大地景观手法、形态，"考古公园"诉说着当地从远古到现代的历史，成为人们学习历史、寓学于乐的重要场所。

6）儿童活动区

儿童活动区在设计时利用原有的山体进行整治绿化，在山顶设计一观景亭，成为公园东南部的控制点。由亭子向中心喷泉和主入口各设计一条坡道沿山而下，成为视觉和景观通廊。山脚下结合地形设计了多种儿童和青少年活动设施，都采用自然原生的材料，与周围环境紧密结合，为儿童提供一个娱乐活动、亲近自然的安全而又充满乐趣的空间。环行的戏水池也是与西部湖面的一个呼应，和喷泉一起形成了从水向山的过渡。

7）自然生态区

对原有山体充分研究后加以适当整治，形成两侧高、中间低的优美山形曲线。同时结合远期对南部学校的搬迁，对整个黄台山做了恢复和适当扩大的设计。将整个山体连成一体，成为整个黄台山及周边地区的制高点和视觉中心。黄台山上种植原生阔叶林，和现状的常绿针叶林一起形成丰富的山体绿化景观。从主峰观景亭及观景平台向水面的方向留出观景通道，设计了转折的坡道，方便游人上下。

3. 方案的表达

1）分析图的绘制

分析图是在设计方案生成之前的方案推敲过程中产生的，我们在方案平面图完成的基础上再完成各种分析图的绘制，这样的图纸看起来更清晰、更明确，更有利于同业主交流，如图8-12和图8-13所示。

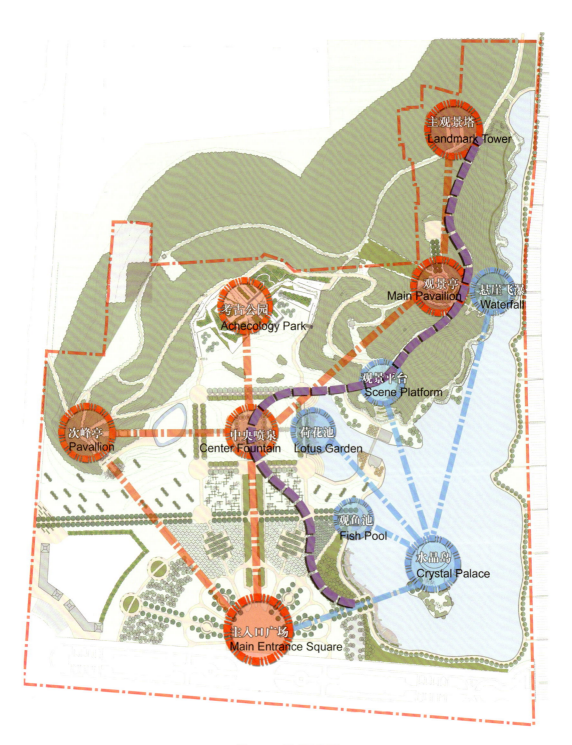

图 8-12 景观结构图

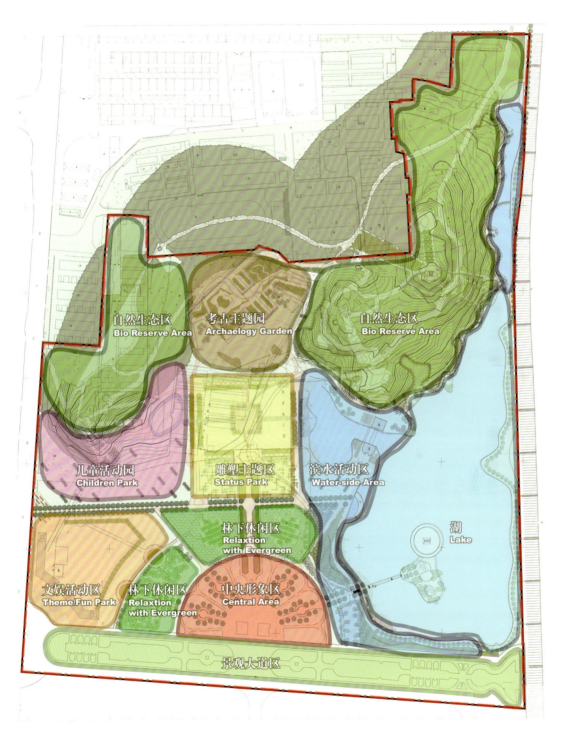

图 8-13　功能分区图

2）景观总平面图、局部效果图的绘制

用 AutoCAD、3D Max 建模，用 Photoshop 后期处理绘制出平面图、剖面图、景观节点的效果图，如图 8-14～图 8-24 所示。

图 8-14　黄台山公园总平面图

图 8-15 中央形象区平面图

图 8-16 中央形象区效果图

雕塑主题区平面图

雕塑主题区剖面图

图 8-17　雕塑主题区平面图与剖面图

图 8-18　雕塑主题区透视图

考古公园平面图

考古公园剖面图

图 8-19　考古公园平面图与剖面图

图 8-20　考古公园效果图

图 8-21　儿童活动区平面图

图 8-22　儿童活动区透视图

图 8-23 生态园平面图与断面图

图 8-24 生态园效果图

3)整体鸟瞰图的绘制

用 AutoCAD、3D Max 建模,用 Photoshop 后期处理绘制出公园鸟瞰图,如图 8-25 所示。

图 8-25 整体鸟瞰图

图 8-26 所示为杭州湘湖二期云洲敛翠、青浦问莼基地现状图。请根据项目整体规划，利用园林设计基本方法和基本设计流程进行公园道路与绿地设计，完成该公园绿地设计平面图、效果图及设计说明，并绘制园路园桥等工程设计图。

项目 8　知识拓展

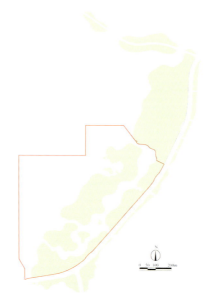

图 8-26　杭州湘湖二期云洲敛翠、青浦问莼基地现状图

参 考 文 献

[1] 胡长龙．园林规划设计 [M]．北京：中国农业出版社，2002．
[2] 陈伯超．景观设计学 [M]．武汉：华中科技大学出版社，2010．
[3] 郑阳．景观艺术设计基本理论、原理与方法 [M]．北京：化学工业出版社，2009．
[4] 唐学山，李雄，曹礼昆．园林设计 [M]．北京：中国林业出版社，2014．
[5] 马克辛，李科．现代园林景观设计 [M]．北京：高等教育出版社，2008．
[6] 魏民．风景园林专业综合实习指导书——规划设计篇 [M]．北京：中国建筑工业出版社，2007．
[7] 蔡永洁．城市广场 [M]．南京：东南大学出版社，2006．
[8] 王珂．城市广场设计 [M]．南京：东南大学出版社，1999．
[9] 克莱尔·库珀·马库斯．人性场所——城市开放空间导则 [M]．北京：中国建筑工业出版社，2001．
[10] 李世华．现代城市环境景观平面图例 [M]．北京：中国建筑工业出版社，2004．
[11] 文增．景观教学与实践丛书——城市广场设计 [M]．沈阳：辽宁美术出版社，2014．
[12] 赵宇．城市广场与街道景观设计 [M]．重庆：西南师范大学出版社，2014．
[13] 宋钰红．城市广场植物景观设计 [M]．北京：化学工业出版社，2011．
[14] 唐剑．浅谈现代城市滨水景观设计的一些理念 [J]．中国园林，2002，（4）．
[15] 张迎霞，林东栋．景观快题方案——设计方法与评析 [M]．沈阳：辽宁科学技术出版社，2011．
[16] 尹安石．现代城市滨水景观设计 [M]．北京：中国林业出版社，2010．
[17] 上林国际文化有限公司．滨水区域景观规划 [M]．武汉：华中科技大学出版社，2006．
[18] 毛子强，贺广民，黄生贵．道路绿化设计 [M]．北京：中国建筑工业出版社，2010．
[19] 翁殊斐，吴文松．城市道路绿地景观 [M]．乌鲁木齐：新疆科学技术出版社，2005．
[20] 王浩，等．城市道路绿地景观规划 [M]．南京：东南大学出版社，2003．
[21] 刘滨谊．城市道路景观规划设计 [M]．南京：东南大学出版社，2002．
[22] 胡长龙，等．道路景观规划与设计 [M]．北京：机械工业出版社，2012．
[23] 诺曼·K.布思，詹姆斯·E.西斯．独立式住宅环境景观设计 [M]．彭晓烈，译．沈阳：辽宁科学技术出版社，2003．
[24] 鲁敏，赵学明，李东和．居住区绿地生态规划设计 [M]．北京：化学工业出版社，2016．

[25] 朱家瑾. 居住区规划设计 [M]. 北京：中国建筑工业出版社，2007.

[26] 苏晓毅. 居住区景观设计 [M]. 北京：中国建筑工业出版社，2010.

[27] 李映彤. 居住区景观设计 [M]. 北京：清华大学出版社，2011.

[28] 刘丽和. 校园园林绿地设计 [M]. 北京：中国林业出版社，2001.

[29] 毕静，杨祖山. 高校校园绿地规划设计浅析 [J]. 中国园艺文摘，2012：103-104.

[30] 张国强. 风景园林设计：中国风景园林规划设计 [M]. 北京：中国建筑工业出版社，2006.

[31] 艾伦·泰特. 城市公园设计——国外景观设计丛书 [M]. 北京：中国建筑工业出版社，2005.

[32] 封云. 公园绿地规划设计 [M]. 北京：中国林业出版社，2004.